水利基本建设财务管理基础理论与实务

水利部建设管理与质量安全中心　编著

中国水利水电出版社
www.waterpub.com.cn
·北京·

内 容 提 要

本书在遵循我国现行的水利基本建设财务管理相关法律、法规和制度的基础上，结合水利基本建设项目特点，以建设单位对财政性资金的使用管理为主线，围绕基本建设财务管理的主要任务和基础工作，系统介绍了建设单位应开展的财务管理工作。全书涵盖了水利基本建设财务管理绪论、财务管理基础工作、建设资金筹集和使用、资金预算管理、合同管理、建设成本管理、征地补偿和移民安置财务管理、建设管理费管理、工程价款结算管理、建设收入和结余资金管理、农民工工资管理、竣工财务决算管理、资产交付管理、绩效管理和财务监督管理等内容，并结合某新建水库项目财务管理工作示例，系统、完整地介绍了建设单位建立健全内部控制制度、资金筹集、资金预算、资金使用、竣工财务决算、资产交付、绩效管理以及财务监督等全过程的财务管理工作，使建设单位的财务工作者既能有效把握制度规定，又能系统理解相关理论知识，指导性和操作性强。同时，本书还列举了近年来水利建设项目财务管理实践中的常见问题及风险防控措施，体现了财务管理风险防范的基本功能。

本书注重理论与实践相结合，聚焦实务操作和风险防控。本书可作为水利基本建设项目建设单位主要负责人、财务负责人和财务工作者以及从事水利基本建设资金管理和监督检查相关人员的工作用书和培训教材，也可作为高等院校财务管理与会计学等相关专业的教材和参考用书。

图书在版编目（CIP）数据

水利基本建设财务管理基础理论与实务 / 水利部建设管理与质量安全中心编著. -- 北京 : 中国水利水电出版社, 2024. 8. -- ISBN 978-7-5226-2696-3

Ⅰ. F426.967.2

中国国家版本馆CIP数据核字第2024SE3111号

书　　名	**水利基本建设财务管理基础理论与实务** SHUILI JIBEN JIANSHE CAIWU GUANLI JICHU LILUN YU SHIWU
作　　者	水利部建设管理与质量安全中心　编著
出版发行	中国水利水电出版社 （北京市海淀区玉渊潭南路 1 号 D 座　100038） 网址：www.waterpub.com.cn E-mail：sales@mwr.gov.cn 电话：（010）68545888（营销中心）
经　　售	北京科水图书销售有限公司 电话：（010）68545874、63202643 全国各地新华书店和相关出版物销售网点
排　　版	中国水利水电出版社微机排版中心
印　　刷	天津嘉恒印务有限公司
规　　格	184mm×260mm　16 开本　8.5 印张　207 千字
版　　次	2024 年 8 月第 1 版　2024 年 8 月第 1 次印刷
印　　数	0001—5000 册
定　　价	**68.00** 元

《水利基本建设财务管理基础理论与实务》

编 写 委 员 会

主　　任： 黄　玮

副 主 任： 储建军　朱　亚　李振海　吴宝海

委　　员： 罗武先　李成业　蔡　奇　杨廷伟　郭晓军
程巧玲　黄晓丽

编 写 组

主　　编： 刘湘宁　宋　峰

副 主 编： 新　夫　李　红　刘建树

编写人员： 童忠珑　谢文靖　马　茵　程志群　俞传宝
贺　超　张军红　潘义为　白会滨　庞晓岚
李甜畅　黄　莹　陈　晓　张晓蕾

前　　言

深入贯彻落实习近平总书记治水思路和关于治水重要论述精神，统筹高质量发展和高水平安全，聚焦为新阶段水利高质量发展提供有力的财务保障总目标，是当前和今后一个时期水利财务工作者肩负的重要历史使命，必须正确认识、准确把握面临的新形势新要求，不断强化新阶段水利高质量发展财务保障。

近年来，全国水利建设投资稳定在万亿元以上规模，财政性资金投入持续增长，水利行业与政策性、开发性、商业性金融机构战略合作持续深化，金融信贷、社会资本共同发力的水利投融资格局逐步形成。投融资体制、公共财政体制、水利建设管理体制以及财务会计法规制度等方面的改革措施多、力度大，对水利基本建设财务管理和会计核算提出更高要求。贯彻落实各项改革措施，编写一套系统性、专业性和实操性强的水利基本建设财务管理和会计核算教材，对增强防范水利建设资金使用管理风险的能力，规范建设单位会计核算工作，确保水利建设资金安全非常必要。

本书依据《基本建设财务规则》《基本建设成本管理规定》和《基本建设项目竣工财务决算管理暂行办法》等相关规定，结合水利基本建设项目特点，以建设单位对财政性资金的使用管理为主线，围绕基本建设财务管理的主要任务和基础工作，系统介绍了建设单位应开展的财务管理工作。全书共十五章，涵盖了水利基本建设财务管理绪论、财务管理基础工作、建设资金筹集和使用、资金预算管理、合同财务管理、建设成本管理、征地补偿和移民安置财务管理、建设管理费管理、工程价款结算管理、建设项目收入和结余资金管理、农民工工资管理、竣工财务决算管理、资产交付管理、绩效管理和财务监督管理等内容。

本书注重理论与实践相结合，聚焦实务操作和风险防控。在遵循我国现行的水利基本建设财务管理相关法律、法规和制度的基础上，阐释了财务管理的相关基础理论知识，并结合某新建水库项目财务管理工作示例，系统、完整地介绍了建设单位建立健全内部控制制度、资金筹集、资金预算、资金使用、竣工财务决算、资产交付、绩效管理以及财务监督等全过程的财务管理工作，使建设单位的财务工作者既能有效把握制度规定，又能系统理解相关理论知识，指导性和操作性强。同时，本书还列举了近年来水利建设项目财务管理实践中的常见问题及风险防控措施，体现了财务管理风险防范的基本功能。

本书可作为水利基本建设项目建设单位主要负责人、财务负责人和财务工作者以及从事水利基本建设资金管理和监督检查相关人员的工作用书和培训教材，也可作为高等院校财务管理与会计学等相关专业的教材和参考用书。

使用本书时，应注意以下三个方面的问题：一是本书以介绍事业单位性质的建设单位财务管理为主线，适当兼顾了企业性质的建设单位财务管理内容。二是本书以新建水库项目为例，其他类型的水利建设项目在财务管理上可能略有不同，不宜直接照搬照抄。三是因时间关系，本书采用的某新建水库项目竣工财务决算管理示例，以《水利基本建设项目竣工财务决算编制规程》（SL 19—2014）编写，仅供参考，现行应以水利部2023年11月实施的《水利基本建设项目竣工财务决算编制规程》（SL/T 19—2023）为准。

在本书的编写过程中，刘湘宁负责统筹谋划编写大纲及其主要内容，并组织集中讨论修改；宋峰、新夫、李红等负责组织指导各章节编写，并负责集中统稿。在示例编写过程中，河南省水利厅、河南省出山店水库运行中心、河南省水利水电工程质量安全中心等单位给予了极大的支持和帮助。谨此向有关单位和所有参与本书编写的人员致以衷心的感谢！

尽管所有组织者与编写者竭尽心智，精益求精，本书仍有进一步提升的空间，敬请广大读者提出宝贵意见和建议，以便不断修订完善。

作者

2024年7月

目　录

第一章　绪　　论

第一节　水利基本建设项目

一、概念及特点

（一）概念

（1）项目。项目是指在一定的约束条件下（主要是限定时间、限定资源），具有明确目标的一次性任务，即人们通过努力，运用各种方法，将人力、材料设备和财务等资源组织起来，根据相关策划安排，进行一项独立的一次性或长期无限期的工作任务，以期达到由数量和质量指标所限定的目标。

（2）基本建设。基本建设是指以新增工程效益或者扩大生产能力为主要目的的新建、续建、改扩建、迁建、大型维修改造工程及相关工作。

（3）水利基本建设项目。水利基本建设项目是指按照国家有关部门批准的水利建设项目设计要求组织施工的，建成后具有完整的系统，可以独立地形成防洪、除涝、灌溉、供水、发电等一项或多项功能或使用价值的一次性任务。一般包括项目建议书、可行性研究报告、施工准备、初步设计、建设实施、生产准备、竣工验收、绩效考核、后评价等阶段。

（二）特点

（1）在一个批复的初步设计范围内，由一个或若干个互相有内在联系的单位工程所组成，建设过程中实行统一核算、统一管理。

（2）在一定的约束条件下，以形成固定资产为特定目标。约束条件：建设工期、投资总量、质量标准和功能效益等。特定目标：以形成新的实物工程量即“建筑安装工程”（俗称“土建工程”）为主要内容。

（3）遵循基本建设程序管理规定，即一个水利基本建设项目从提出建设的设想、建议、方案选择、评估、决策、勘察、设计、施工一直到竣工、交付使用，均是一个有序的受约束的活动过程。

（4）具有一次性特点，其表现是投资的一次性，建设地点固定的一次性，设计和施工的一次性。投资的一次性是指建设资金运动是短暂的、一次性的，具体表现为建设资金运动的非循环周转特征，即资金供应、生产后，未经销售便退出基本建设阶段，资金在运动过程中不发生增值，也不会出现简单再生产或扩大再生产的情形。

（5）有特殊的组织和法律条件。水利基本建设项目的参与单位之间主要以合同作为纽带相互联系，并以合同作为分配工作、划分权力和责任关系的依据。项目参与方之间在建设过程中的协调主要通过合同、法律和规范实现。

(6) 涉及面广。一个建设项目涉及建设规划、计划、财政、税收、金融、国土资源、环境保护等政府部门和单位，项目组织者需要做大量的协调工作。

(7) 作用和影响具有长期性。每个建设项目的建设周期、运行周期、投资回收周期都很长，因此其影响面大、作用时间长。

(8) 环境因素制约多。每个建设项目都受建设地的气候条件、水文地质、地形地貌等多种环境因素的制约，建设管理及其相应的投资变更调整概率大。

二、项目分类

水利基本建设项目的建设性质、建设规模、功能作用、管理级次、投资构成和经济属性，对水利基本建设项目的投资来源和资金使用管理均有相应的管理要求。

(一) 按建设性质分类

基本建设分为新建、续建、改扩建、迁建和大型维修改造五类。

使用预算安排的资金进行固定资产投资建设活动，限定在新建、扩建、改建、技术改造等四类。

按水利建设投资统计调查的相关口径，将水利建设投资项目分为新建、扩建、改建和技术改造、单纯建造生活设施、迁建、恢复、单纯购置和前期工作等八类。其中将灌区续建配套与节水改造、水库（闸）除险加固等一般列入改建性质，在立项审批文件中列有新增生产能力或效益时，应列入扩建性质。此类项目涉及新增资产与原有资产的计算和确认等衔接问题。

(二) 按建设规模分类

水利基本建设项目按规模分为大型、中型、小型和其他。大中小型工程的划分标准主要分为大（1）型、大（2）型、中型、小（1）型和小（2）型五类；其他是指水利建设项目前期工作等不产生固定资产的项目。

(三) 按功能和作用分类

水利基本建设项目按功能和作用分类如下：

(1) 控制性枢纽工程，包括水库枢纽工程、水闸枢纽工程和其他枢纽工程。

1) 水库枢纽工程是指具有防洪、通航、发电、灌溉、供水或生态保护等多目标能力的蓄水枢纽工程，包括滞洪水库工程。

2) 其他枢纽工程是指除水库、水闸枢纽工程外的其他枢纽工程。

(2) 防洪工程，包括堤防工程、江河湖泊治理工程、大江大湖治理工程、主要支流治理工程、中小河流治理工程、其他江河湖泊治理工程、行蓄洪区安全建设工程、城市防洪工程、水库除险加固（大中型、小型）工程、海堤建设工程、国际界河工程、大中型病险水闸除险加固工程、山洪灾害防治工程、其他防洪工程。

(3) 灌溉除涝工程，包括灌区建设工程、节水灌溉工程、小型农田水利工程、中小型水库工程、泵站工程、其他灌溉除涝工程。

(4) 供水工程，包括引水（调水）工程、农村饮水安全巩固提升工程、抗旱工程、地下水超采综合治理工程、其他供水工程。

(5) 水务工程，包括自来水厂、城镇供水管线、城镇排水系统、污水处理、其他水务能力建设等工程。

（6）非常规水资源利用工程，包括中水回用、雨水集用、海水淡化等工程。

（7）电开发利用工程，包括水力发电工程、电网建设与改造工程、水电增效扩容工程、小水电代燃料工程、其他电气化工程。

（8）水土保持及生态保护工程，包括水土流失治理工程、流域生态综合治理工程、水环境污染防治工程、水利血防工程、河湖连通工程、淤地坝治理工程、其他环境水利工程。

（9）滩涂处理及围垦工程。

（四）按管理级次分类

水利基本建设项目按其对社会和国民经济发展的影响分为中央水利基本建设项目（以下简称中央项目）和地方水利基本建设项目（以下简称地方项目）。

（1）中央项目。中央项目是指对国民经济全局、社会稳定和生态环境有重大影响的防洪、水资源配置、水土保持、生态建设、水资源保护等项目，或中央认为负有直接建设责任的项目。中央项目在规划中界定，在审批项目建议书或可行性研究报告时明确。中央项目由水利部（或流域机构）负责组织建设并承担相应责任。

（2）地方项目。地方项目是指局部受益的防洪除涝、城市防洪、灌溉排水、河道整治、供水、水土保持、水资源保护、中小型水电建设等项目。地方项目在规划中界定，在审批项目建议书或可行性研究报告时明确。地方项目由地方人民政府负责组织建设并承担相应责任。

地方项目按审批程序、资金来源分为三类：中央参与投资的地方项目、中央补助的地方项目、一般地方项目。中央参与投资的地方项目是指由中央审批立项，并在立项阶段确认中央投资额度的项目；中央补助的地方项目是指由地方审批立项、中央根据有关政策给予适当投资补助的项目；一般地方项目是指由地方审批立项并全部由地方投资建设的项目。

（五）按投资构成分类

水利基本建设项目按投资构成分为政府投资项目和企业等其他社会投资项目。

政府投资项目以直接投资方式为主；对确需支持的经营性项目，主要采取资本金注入方式，也可以适当采取投资补助、贷款贴息等方式。

（六）按经济属性分类

水利基本建设项目按其经济属性分为非经营性项目和经营性项目两类。

（1）非经营性项目。非经营性项目指不以营利为目的，以提供社会公共服务和公共产品为目标的建设项目。

非经营性项目又可以分为公益性项目、准公益性项目。公益性项目指具有防洪、排涝、抗旱和水资源管理等社会公益性管理和服务功能，自身无法得到相应经济回报的水利项目，如堤防、河道整治、蓄滞洪区安全建设、除涝、水土保持、生态建设、水资源保护、贫困地区人畜饮水、防汛通信、水文设施等。准公益性项目指既有社会效益、又有经济效益的水利项目，其中大部分是以社会效益为主。如综合利用的水利枢纽（水库）工程、大型灌区节水改造工程等。

（2）经营性项目。经营性项目指具有长期的、相对稳定的经营收入的投资建设项目，如以供水、发电等为主要功能的建设项目。

三、建设程序

建设程序是指工程项目从策划、评估、决策、设计、施工到竣工验收、投入生产或交付使用的整个建设过程中，各项工作必须遵循的先后工作次序。建设程序是工程建设过程客观规律的反映，是建设工程项目科学决策和顺利进行的重要保证。建设程序是人们长期在工程项目建设实践中得出来的经验总结，不能任意颠倒，但可以合理交叉。

根据现行制度规定，水利基本建设项目建设程序一般分为：项目建议书、可行性研究报告、施工准备、初步设计、建设实施、生产准备、竣工验收、绩效考核、后评价等阶段。

（一）项目建议书阶段

项目建议书是根据国民经济和社会发展规划与地区经济发展规划的总要求，在经批准（审查）的江河流域（区域）综合利用规划或专业规划的基础上提出的开发目标和任务。此阶段主要工作内容包括：

（1）工程管理。初步提出项目建设管理机构的设置与隶属关系以及资产权属关系，初步提出维持项目正常运行所需管理维护费用以及负担原则、来源和应采取的措施。

（2）投资估算及资金筹措。提出项目投资主体的组成以及对投资承诺的初步意见和资金来源设想，利用贷款还应初拟资本金和贷款额度及来源，贷款年利率以及借款偿还措施。

（3）经济评价、结论和建议。

（二）可行性研究报告阶段

可行性研究报告阶段是对建设项目进行方案比较，在技术上是否可行、经济上是否合理进行的科学分析和论证。经过批准的可行性研究报告，是项目决策和进行初步设计的依据。可行性研究报告，由项目法人（或筹备机构）组织编制。与财务管理和会计核算相关的主要内容包括：

（1）施工组织设计，简述工程控制性进度及总工期。

（2）工程管理，简述管理单位类别和性质、机构设置方案、人员编制、管理范围和保护范围、主要管理设施设备、管理经费及来源等。

（3）投资估算，简述工程部分、建设征地移民补偿、环境保护工程、水土保持工程投资估算的编制原则、依据、价格水平和投资，以及工程静态总投资、差价预备费、建设期融资利息和总投资。

（4）经济评价，简述费用和效益估算、国民经济评价、资金筹措方案、财务评价的主要方法和结论。

（三）施工准备阶段

项目可行性研究报告已经批准，年度水利投资计划下达后，项目建设单位即可开展施工准备工作，此阶段主要内容包括：施工现场的征地、拆迁；完成施工用水、电、通信、路和场地平整等工程；必需的生产、生活临时建筑工程；实施经批准的应急工程、试验工程等专项工程；组织招标设计、咨询、设备和物资采购等服务；组织相关监理招标，组织主体工程招标准备工作。

（四）初步设计阶段

初步设计是根据批准的可行性研究报告和必要而准确的设计资料，对设计对象进行通盘研究，阐明拟建工程在技术上的可行性和经济上的合理性，规定项目的各项基本技术参数，编制项目的总概算。初步设计文件经批准后，主要内容不得随意修改、变更，并作为项目建设实施的技术文件基础。如有重要修改、变更，须经原审批机关复审同意。与财务管理和会计核算相关的主要内容包括：

（1）施工组织设计，提出工程筹建期、工程准备期、主体工程施工期和工程完建期四个阶段控制性关键项目，以及进度安排、工程量及工期确定，进行施工强度、劳动力、机械设备和土石方平衡计算。说明施工总进度的关键线路及分阶段工程形象面貌的要求。

（2）工程管理设计，明确工程类别和管理单位性质；明确运行期工程管理体制和管理单位组建方案，以及外部隶属关系、相应的职责和权利；明确拟建工程的建设期管理机构设置及工程建设招标投标方案。

（3）设计概算，说明工程静态总投资、总投资，工程部分投资、建设征地移民补偿投资、环境保护工程投资、水土保持工程投资、价差预备费以及建设期融资利息等设计概算主要指标，并提出设计概算报告。设计概算报告包括工程概况、投资主要指标、编制原则和依据、价格水平，以及基础单价、工程单价、各部分工程概算、总概算的编制方法、费用标准等编制说明；工程概算总表，含工程部分、建设征地移民补偿、环境保护工程和水土保持工程等投资。经核定的概算应作为项目建设实施和控制投资的依据。初步设计提出的投资概算超过经批准的可行性研究报告提出的投资估算10%的，项目单位应当向投资主管部门或者其他有关部门报告，投资主管部门或者其他有关部门可以要求项目单位重新报送可行性研究报告。

（4）经济评价，简述建设项目设计概算（不含建设期利息）的主要依据、价格基准年、分年度投资计划，说明初步设计与可行性研究阶段投资变化情况；根据上级主管部门对可行性研究阶段资金筹措方案的审查、批复意见，复核资金筹措方案。结论与建议。

（五）建设实施阶段

建设实施阶段是指主体工程的建设实施，项目建设单位按照批准的建设文件，组织工程建设，保证项目建设目标的实现。此阶段主要内容包括：项目建设单位要充分授权工程监理，使之能独立负责项目的建设工期、质量、投资的控制和现场施工的组织协调。

（六）生产准备阶段

生产准备是项目投产前所要进行的一项重要工作，是建设阶段转入生产经营的必要条件。项目建设单位应按照建管结合和项目法人责任制的要求，适时做好有关生产准备工作。此阶段主要包括下列内容：

（1）生产组织准备。建立生产经营的管理机构及相应管理制度。

（2）招收和培训人员。按照生产运营的要求，配备生产管理人员，并通过多种形式的培训，提高人员素质，使之能满足运营要求。生产管理人员要尽早介入工程的施工建设，参加设备的安装调试，熟悉情况，掌握好生产技术和工艺流程，为基本建设和生产经营的顺利衔接做好准备。

（3）生产的物资准备。主要是落实投产运营所需要的原材料、协作产品、工器具、备品备件和其他协作配合条件的准备。

(4) 正常的生活福利设施准备。

(5) 开展营运。及时具体落实产品销售合同协议的签订，提高生产经营效益，为偿还债务和资产的保值增值创造条件。

(七) 竣工验收阶段

竣工验收是工程完成建设目标的标志，是全面考核基本建设成果、检验设计和工程质量的重要步骤。竣工验收合格的项目即从基本建设转入生产或使用。此阶段主要包括下列内容：

(1) 组织验收。当建设项目的建设内容全部完成，并经过单位工程验收（包括工程档案资料的验收），符合设计要求并按水利基本建设项目档案资料管理规定的要求完成了档案资料的整理工作；完成竣工报告、竣工财务决算等必需文件的编制后，项目建设单位按照水利工程建设项目管理规定的要求，向验收主管部门提出申请，根据相关验收规程组织验收。

(2) 竣工决算审计。竣工财务决算编制完成后，须由审计机关组织竣工审计，其审计报告作为竣工验收的基本资料。

(3) 遗留问题处理。工程规模较大、技术较复杂的建设项目可先进行初步验收。不合格的工程不予验收；有遗留问题的项目，对遗留问题必须有具体处理意见，且有明确的整改限期要求和责任人。

(八) 绩效评价

项目绩效评价是指财政部门、项目主管部门根据设定的项目绩效目标，运用科学合理的评价方法和评价标准，对项目建设全过程中资金筹集、使用及核算的规范性、有效性，以及投入运营效果等进行评价的活动。此阶段主要包括下列内容：

(1) 评价内容。项目绩效评价应当重点对项目建设成本、工程造价、投资控制、达产能力与设计能力差异、偿债能力、持续经营能力等实施绩效评价，根据管理需要和项目特点选用社会效益指标、财务效益指标、工程质量指标、建设工期指标、资金来源指标、资金使用指标、实际投资回收期指标、实际单位生产（营运）能力投资指标等评价指标。

(2) 结果应用。财政部门负责制定项目绩效评价管理办法，对项目绩效评价工作进行指导和监督，选择部分项目开展重点绩效评价，依法公开绩效评价结果。绩效评价结果作为项目财政资金预算安排和资金拨付的重要依据。

(九) 后评价阶段

建设项目竣工投产后，一般经过1～2年生产运营后，要进行一次系统的项目后评价。投资主管部门或者其他有关部门应当按照国家有关规定选择有代表性的已建成政府投资项目，委托中介服务机构对所选项目进行后评价。后评价应当根据项目建成后的实际效果，对项目审批和实施进行全面评价并提出明确意见。此阶段主要包括下列内容：

(1) 影响评价。项目投产后对各方面的影响进行评价。

(2) 经济效益评价。对项目的投资、国民经济效益、财务效益、技术进步和规模效益、可行性研究深度等进行评价。

(3) 过程评价。对项目的立项、设计施工、建设管理、竣工投产、生产运营等全过程进行评价。

第二节　实施主体及财务制度适用

一、实施主体

水利基本建设项目的实施主体是建设单位，建设单位是建设工程的发起者、投资者或组织者，也称业主，是工程建设项目建设过程的总负责方。

为规范建设单位行为，建立投资责任约束机制，提高投资收益，确保工期和工程质量，党的十一届三中全会以后，随着改革开放的不断深化和扩大，以及社会主义市场经济体制的确立和逐步完善，在基本建设领域推行了“四制”（即项目法人责任制、工程监理制、招标投标制、合同管理制）改革，在建设管理中实行项目法人责任制。项目法人责任制要求项目法人对建设工程项目负有法定责任，对工程项目建设进行全面的全过程管理，这就给“建设单位”赋予了新的内涵。

项目法人，是按照国家工程项目“四制”的管理规定，对工程项目建设承担法定责任的法人，包括企业法人、机关法人、事业（单位）法人和社（会）团（体）法人。

在建设管理相关法规中，建设单位与项目法人概念的内涵及法定职责基本一致，多数情况为同一组织。财政部制定的基本建设财务管理制度中的项目“建设单位”与“项目法人”内涵也基本一致。因此，本书将“建设单位”与“项目法人”等同使用。

二、项目法人组建与分类

现行制度规定，水利基本建设项目可行性研究报告应明确项目法人组建主体，提出建设期项目法人机构设置方案，包括按出资对象组建以及按工程规模和受益范围组建两种方式。

水利基本建设项目法人的组建类别一般根据项目的规模、功能和经济属性等确定。

（一）按组织机构性质划分

水利基本建设项目法人按其组织机构性质可分为事业性质项目法人和企业性质项目法人。水利基本建设项目在可行性研究报告阶段就应基本确定管理单位的类别和性质、行政隶属关系和资产权属、机构设置方案、人员编制和职责。

（1）事业性质项目法人主要承担以政府出资为主的非经营性水利工程建设项目。主要包括各级水行政主管部门所属的现有的事业单位（技术支撑事业单位、事业性质的水利工程运行管理单位）和为水利工程建设项目新批准成立的事业单位。

（2）企业性质项目法人主要承担以社会出资为主或采取资本金注入、投资补助、贷款贴息等方式的经营性水利工程建设项目。主要包括各级政府成立的承担水利工程建设任务的水利投资企业、实施“政府与社会资本合作”成立的企业，以及为新建的经营性水利工程建设项目成立的企业。

（二）按建设管理方式划分

（1）仅负责水利工程建设阶段的项目法人，包括由各级政府或其授权部门组建常设专职机构，履行项目法人职责，集中承担辖区内政府出资的水利工程建设（一个项目法人承担多个建设项目)，或授权组建机构仅承担一个水利工程建设项目（一个项目法人承担一个建设项目)。此类项目法人只负责工程建设，竣工验收后移交给相关的运行管理单位。

(2）按照建设和运行管理一体化原则组建项目法人，即项目法人是水利工程建设和运行管理的责任主体。现行制度规定，对已有工程实施改建、扩建或除险加固的项目，可以以已有的运行管理单位为基础组建项目法人。

水利基本建设项目法人组建和类别不同，其资金的筹集管理、预算级次和管理方式以及管理费用的使用等会存在一定的差异。

三、财务管理制度适用

水利基本建设项目法人（为了与现行财务制度衔接一致，以下均称为“项目建设单位”）应严格执行国家有关法律、行政法规和财务规章制度，规范财务管理行为，加强财务管理基础工作，保证财务管理工作依法有序地进行。

(一）基本建设财务规则

财政部公布施行的《行政单位财务规则》《事业单位财务规则》《企业财务通则》《金融企业财务规则》和《基本建设财务规则》是相关行业开展财务管理工作的基本遵循。其中，2016 年财政部公布施行的《基本建设财务规则》是以规范基本建设财务行为、加强基本建设财务管理、提高财政资金使用效益和保障财政资金安全为目的部门规章，适用于行政事业单位、国有和国有控股企业使用财政资金的基本建设财务行为，接受国家经常性资助的社会力量举办的公益服务性组织和社会团体的基本建设财务行为，以及非国有企业使用财政资金的基本建设财务行为，参照本规则执行。

《基本建设财务规则》与现行行政单位、事业单位和企业财务管理、会计核算制度进行了衔接，避免制度间相互矛盾。也与预决算、资产管理和国库管理等制度有效对接，立足于满足项目建设单位基本建设财务管理工作实际需要。

(二）财政部规范性文件

《基本建设财务规则》以基本建设项目资金运行轨迹为逻辑顺序，全面涵盖基本建设财务管理各项工作，搭建起基本制度框架。对需要详细规定的内容，财政部在配套制定的规范性文件中予以具体明确，如 2016 年财政部制定的《基本建设项目建设成本管理规定》《基本建设项目竣工财务决算管理暂行办法》；2004 年财政部制定的《建设工程价款结算暂行办法》等。

2012 年财政部印发的《行政事业单位内部控制规范（试行）》是各级党的机关、人大机关、行政机关、政协机关、审判机关、检察机关、各民主党派机关、人民团体和事业单位对其经济活动开展内部控制的主要依据，其目标主要包括：合理保证单位经济活动合法合规、资产安全和使用有效、财务信息真实完整，有效防范舞弊和预防腐败，提高公共服务的效率和效果。为实现控制目标，通过制定制度、实施措施和执行程序，对经济活动的风险进行防范和管控。《行政事业单位内部控制规范（试行）》也是事业性质的项目建设单位财务管理应该遵照的规范性文件。

(三）建设资金专项管理办法

水利基本建设项目投资来源主要包括预算内投资、财政专项资金、国债和专项债券等，各级发展和改革委员会和财政等部门针对相应的资金来源，制定了建设资金专项管理办法，如2014年国家发展和改革委员会公布施行的《中央预算内直接投资项目管理办法》，2020年财政部印发的《地方政府债券发行管理办法》，2021年国家发展和改革委员会、水利部印发的《国家水网骨干工程中央预算内投资专项管理办法》和《水安全保障工程中央预算内投资专项管理办法》，2022年财政部制定的《水利发展资金管理办法》等，都是项目建设单位开展水利基本建设财务管理工作的重要依据。

本书的内容，是根据水利基本建设项目的现状和特点，以项目建设单位使用财政资金为主线开展的财务管理活动。《基本建设财务规则》明确要求，本规则施行前财政部制定的有关规定与本规则不一致的，按照本规则执行；《企业财务通则》（财政部令第41号）、《金融企业财务规则》（财政部令第42号）、《事业单位财务规则》（财政部令第68号）和《行政单位财务规则》（财政部令第71号）另有规定的，从其规定。同时，《行政单位财务规则》规定，行政单位基本建设投资的财务管理，应当执行本规则，但国家基本建设投资财务管理制度另有规定的，从其规定；《事业单位财务规则》规定，事业单位基本建设投资的财务管理，应当执行本规则，但国家基本建设投资财务管理制度另有规定的，从其规定。

第三节 财务管理的目标和任务

一、财务管理的概念及基本特点

（一）概念

水利基本建设财务管理是指依据国家有关法律、行政法规和财务规章制度，采用价值形式，以提高水利基本建设项目投资效益为中心，对水利工程建设过程中的资金运动所体现的各方面财务关系，行使组织、计划、决策、监督和调节职能，依法筹集、分配和使用建设资金的一项综合管理活动。在建设项目各环节中加强财务管理的主要目的是为了有效控制工程成本，提高项目建设的经济效益和社会效益，是建设项目投资管理与投资控制的重要环节。

（二）基本特点

（1）财务管理是建设项目管理的重要组成部分。水利基本建设项目管理是一个由多种专业有机构成的管理系统，各项专业管理各有侧重、互相联系、前后贯穿，财务管理是该系统的重要一环。

（2）财务管理贯穿于建设项目管理的全过程。财务管理以遵循项目建设程序为原则，在项目建设各阶段，财务管理承担着不同的管理职责。财务管理对建设项目实施全链条、全天候、全过程的管理。

（3）财务管理以资金管理和成本控制为重点。财务管理的重点是资金管理和成本控制，做好资金的拨付与核算，严格控制建设项目成本，提高资金使用效率，确保资金安全。

（4）财务管理体现很强的政策性。财务管理必须贯彻落实国家有关法律、行政法规和财务规章制度的要求，建立健全内部控制管理制度体系，强化财会监督，预防和惩治工程建设领域腐败。

二、财务管理的目标、原则和任务

（一）目标

水利基本建设财务管理的目标是：规范基本建设财务行为，加强基本建设财务管理，提高财政资金使用效益，保障财政资金安全。

（二）原则

水利基本建设财务管理应遵循的原则是：严格执行国家有关法律、行政法规和财务规章制度，坚持勤俭节约、量力而行、讲求实效，正确处理资金使用效益与资金供给的关系。

（三）任务

水利基本建设财务管理的任务是：依法筹集和使用基本建设项目建设资金，防范财务风险；合理编制项目资金预算，加强预算审核，严格预算执行；加强项目核算管理，规范和控制建设成本；及时准确编制项目竣工财务决算，全面反映基本建设财务状况；加强对基本建设活动的财务控制和监督，实施绩效评价。

第二章　水利基本建设财务管理基础工作

第一节　建立健全内部控制制度

项目建设单位建立健全内控制度，是实施基本建设财务管理的基础性保障，是规避相关财务风险的根本举措。项目建设单位的负责人对本单位建立健全和有效实施内部控制制度负责。

一、目标与原则

内部控制是指项目建设单位为实现控制目标，通过制定制度、实施措施和执行程序，对经济活动的风险进行防范和管控。

（一）控制目标

项目建设单位内部控制制度的目标主要包括：保证单位经济活动合法合规、资产安全和使用有效、财务信息真实完整，有效防范舞弊和预防腐败，提高财务管理的效率和效果。

（二）遵循原则

项目建设单位建立与实施内部控制制度，应当遵循下列原则：

（1）全面性原则。内部控制制度应当贯穿项目建设单位经济活动的决策、执行和监督全过程，实现对经济活动的全面控制。

（2）重要性原则。在全面控制的基础上，内部控制制度应当关注项目建设单位重要经济活动和经济活动的重大风险。

（3）制衡性原则。内部控制制度应当在项目建设单位内部的部门管理、职责分工、业务流程等方面形成相互制约和相互监督。

（4）适应性原则。内部控制制度应当符合国家有关规定和项目建设单位的实际情况，并随着外部环境的变化、单位经济活动的调整和管理要求的提高，不断修订和完善。

二、方法与内容

（一）方法

项目建设单位应当建立适合项目建设管理实际情况的内部控制制度体系，并组织实施。具体方法包括：梳理单位各类经济活动的业务流程，明确业务环节，系统分析经济活动风险，确定风险点，选择风险应对策略，在此基础上根据国家有关规定建立健全单位各项内部控制制度并督促相关工作人员认真执行。

（二）内容

项目建设单位内部控制制度的主要内容包括：岗位设置、决策机制、审核机制、招标和政府采购、计划与预算执行、概算控制、竣工财务决算和档案管理等。具体如下：

（1）岗位设置。项目建设单位应当合理设置岗位，明确内部相关部门和岗位的职责权限，建立不相容岗位相互分离制度，确保项目实施与价款支付、会计核算与财务管理、竣工财务决算编制等业务有效实施。

（2）决策机制。项目建设单位应当建立与建设项目相关的议事决策机制，严禁任何个人单独决策或者擅自改变集体决策意见。决策过程及各方面意见应当形成书面文件，与相关资料一同妥善归档保管。

（3）审核机制。项目建设单位应当建立与建设项目相关的审核机制。项目概预算编制、工程价款结算、竣工财务决算等应当由单位内部的计划（合同）、技术、财会、法律等相关工作人员审核，或者根据国家有关规定委托具有相应资质的中介机构进行审核，出具评审意见。

（4）招标和政府采购。项目建设单位应当建立健全工程项目招标和政府采购的内部管理制度，包括工程项目招标和政府采购的预算与计划管理、过程管理和验收管理等。

（5）计划与预算执行。项目建设单位应当建立建设项目投资计划与预算执行管理制度，按照审批单位下达的投资计划和预算对建设项目资金实行专款专用，严禁截留、挪用和超批复内容使用资金。财务部门应当加强与建设项目承建单位的沟通，及时掌握建设进度，加强价款支付审核，按照规定办理价款结算。实行国库集中支付的建设项目，应当按照财政国库管理制度相关规定支付资金。

（6）概算控制。建设项目经批准的投资概算是工程投资的最高限额，如有调整，应当按照国家有关规定报经批准。建设项目的设计变更应当按照有关规定履行相应的审批程序。

（7）竣工财务决算。建设项目完工后，项目建设单位应当按照规定的时限及时办理竣工财务决算，组织竣工决算审计，并根据批复的竣工财务决算和有关规定办理建设项目档案和资产移交等工作。建设项目已实际投入使用但超时限未办理竣工财务决算的，应当根据对建设项目的实际投资暂估入账，转作相关资产管理。

（8）档案管理。项目建设单位应当加强对建设项目档案的管理，做好相关文件、材料的收集、整理、归档和保管工作。

（三）示例参考

（1）明确项目建设单位财务和会计相关责任主体的权利和责任，规范与其他相关业务部门的关系。主要内容包括：单位领导人、总会计师对财务会计工作的领导职责，财务会计部门及其负责人、会计主管人员的职责、权限，财务会计部门与单位其他部门（包括职能和业务部门）的关系，财务管理和会计核算的组织形式等。

（2）岗位责任制度。项目建设单位应当建立健全内部控制关键岗位责任制，明确岗位职责、分工及轮岗办法，确保不相容岗位相互分离、相互制约和相互监督。关键岗位主要包括预算管理、收支管理、招标管理、采购管理、资产管理、建设项目管理、合同管理以及内部监督等。

（3）“三重一大”集体决策制度。是指凡属重大决策、重要人事任免、重大项目安排和大额度资金运作的事项，由领导班子集体决定的制度。项目建设单位应当根据建设项目和单位的特点，通过制订“三重一大”具体制度，明确“三重一大”事项的标准、决策规则和程序，建立健全集体研究、专家论证和技术咨询相结合的议事决策机制。

（4）招标和政府采购管理制度。项目建设单位应当依据国家有关规定组织建设项目招标和政府采购工作，制定相应的管理制度，并接受有关部门的监督。主要内容包括：明确工程招标和政府采购相关岗位的职责权限、预算与计划管理、过程管理、验收管理、质疑及投诉答复管理、记录控制和安全保密管理等。

（5）项目资金和预算管理制度。主要内容包括：资金的构成、筹集和使用，资金预算（包括细化预算）编制的原则、方法、程序、执行和调整，资金的支付原则和支付程序，资金支付与工程进度、施工合同、工程验收的牵制规定，概算控制规定等。

（6）财务收支审批制度。项目建设单位应当建立健全财务收支审批制度，主要内容包括：确定财务收支审批人员，审批授权和权限划分；重大项目安排和大额资金使用特别规定；财务收支审批程序，以及各审批环节审批人员的责任等。

（7）资产管理制度。项目建设单位应当加强资产管理，建立健全资产管理的相关制度。主要包括：货币资金和银行账户管理、实物资产和无形资产管理、在建工程管理和财产清查制度等。

（8）建设项目成本核算管理制度。主要内容包括：成本核算对象和内容，建筑安装工程投资、设备投资、其他投资、待摊投资以及项目建设管理费、代建管理费等支出的管理，项目建设成本核算的方法和程序，单项工程报废净损失的管理和处理，项目建设成本的分析、考核和奖惩办法等。

建设项目是项目建设单位的成本核算对象。项目建设单位应当对建设项目实行单独核算，并按规定将核算情况纳入单位统一账簿和财务报表；对承担多项基本建设任务的，应当按项目分别单独核算。一般情况下，一个批复的初步设计项目就是一个单独核算的建设项目。对设置现场管理机构的建设项目，需要设立专项核算账簿的，应当按照国家有关财务会计制度的规定定期进行财务报表汇总或合并，做到在向有关部门报送建设单位财务报表等资料时，能完整、准确地反映建设项目资金使用的实际情况。

（9）合同和价款结算管理制度。项目建设单位应当加强合同及价款结算管理，建立健全相关制度。主要内容包括：合同分类及相关部门（岗位）职责，合同订立审签程序，合同执行相关部门（岗位）相互牵制，合同收款、付款及验收责任和程序，大额合同价款结算的特殊规定等。

（10）建设项目验收管理制度。项目建设单位应当建立健全项目验收的相关制度。主要内容包括：建设项目的验收分类（分部工程、单位工程、单项合同工程、阶段验收、专项验收和竣工验收），分类验收的程序、方法和要求，验收质量等级划分和评定方法，与项目资金（合同约定款项）支付的相互挂钩牵制，奖惩措施和责任追究办法等。

（11）内部审计制度。项目建设单位根据管理需要应当加强对建设项目的内部审计监督，建立健全内部审计制度。主要内容包括：内部审计机构和人员、职责和权限、程序和要求、重点审计任务、审计结果运用和责任追究等。

（12）档案管理制度。项目建设单位应当强化建设项目全过程的档案管理，建立健全建设项目档案管理制度。主要内容包括建设项目档案的收集、整理、保管、利用和鉴定销毁的管理，以及安全防护技术和措施、项目竣工后档案移交等。

三、关于建设项目核算主体、明细科目设置或辅助核算

按照《政府会计制度》的规定，项目建设单位通过设立“在建工程”等科目整合基本建设项目的会计核算，以利于提高单位会计信息的完整性，并满足项目单独核算、纳入统一报表和竣工财务决算编制的要求。

（一）关于基本建设项目会计核算主体

基本建设项目应当由负责编报基本建设项目预决算的项目建设单位作为会计核算主体。基本建设项目管理涉及多个主体难以明确识别会计核算主体的，项目主管部门应当按照《基本建设财务规则》相关规定确定项目建设单位。

项目建设单位应当按照《政府会计制度》规定，在“在建工程”等会计科目下分项目对基本建设项目进行核算。

（二）关于代建制项目的会计处理

建设项目实行代建制的，项目建设单位应当要求代建单位通过工程结算或年终对账确认在建工程成本的方式，提供项目明细支出、建设工程进度和项目建设成本等资料，归集“在建工程”成本，及时核算所形成的“在建工程”资产，全面反映项目建设成本等情况。

（三）关于基本建设项目的明细科目或辅助核算

项目建设单位按照《政府会计制度》对基本建设项目进行会计核算时，应当通过在“在建工程”等会计科目下设置与基本建设项目相关的明细科目或增加标记，或设置基建项目辅助账等方式，满足基本建设项目竣工财务决算报表编制等需要。

第二节　银行账户管理

项目建设单位应按照《人民币银行结算账户管理办法》等有关规定管理本单位银行账户，主要内容包括开立、变更、撤销和印鉴管理。

一、开立

项目建设单位开设银行账户须报经上级主管部门和同级财政部门批准或备案。其中基本存款账户、外汇账户、专用存款账户实行审批管理方式；党费账户、工会经费账户、房改资金账户、离退休经费账户、定期存款账户等实行备案管理方式；贷款转存款账户实行自主管理方式。项目建设单位银行结算账户的开立和使用应当遵守法律、行政法规，不得利用银行结算账户进行偷逃税款、逃废债务、套取现金及其他违法犯罪活动，严禁将银行结算账户出租、出借给其他单位或个人使用，严禁利用银行结算账户套取银行信用。

二、变更

项目建设单位更改名称，但不改变开户银行及账号的，应于5个工作日内向开户银行提出银行结算账户的变更申请，并出具有关部门的证明文件。单位的法定代表人或主要负责人、住址以及其他开户资料发生变更时，应于5个工作日内书面通知开户银行并提供有关证明。

三、撤销

项目建设单位撤销银行结算账户，必须与开户银行核对银行结算账户存款余额，交回各种重要空白票据及结算凭证和开户登记证，银行核对无误后方可办理销户手续。存款人未按规定交回各种重要空白票据及结算凭证的，应出具有关证明，造成损失的，由其自行承担。

四、印鉴管理

项目建设单位应加强对预留银行签章的管理。单位遗失预留公章或财务专用章的，应向开户银行出具书面申请，并提供开户登记证、营业执照等相关证明文件；更换预留公章或财务专用章时，应向开户银行出具书面申请，并提供原预留签章的式样等相关证明文件。

第三节　国库集中支付管理

一、零余额账户

零余额账户是指财政部门和预算单位在国库集中支付代理银行开设的银行结算账户，用于办理财政资金支付业务并与国库单一账户清算。零余额账户分为财政零余额账户和预算单位零余额账户。

项目建设单位在国库集中支付代理银行范围内选择开户银行，按规定程序报经财政部门批准后，开立单位零余额账户，并按时将账户相关信息维护进预算管理一体化资金支付系统，提交财政部门备案。每个单位原则上只能申请开立一个零余额账户。单位零余额账户可办理转账、汇兑、委托收款和提取现金等支付结算业务。

项目建设单位变更、撤销零余额账户，应当按规定程序报经财政部门批准后办理变更、撤销手续，并按时在预算管理一体化资金支付系统中更新账户相关信息。

二、用款计划

项目建设单位的财政拨款资金应当编制用款计划，单位资金暂不编制用款计划。用款计划主要用于财政国库现金流量控制及资金清算管理，不再按项目编制。

项目建设单位月度用款计划当月开始生效，当年累计支付金额（不含单位资金支付金额）不得超过当年累计已批复的用款计划。

项目建设单位应当加强预算执行事前规划，严格依据预算指标（含部门预算“二上”控制数）、项目实施进度以及用款需求等编制分月用款计划，情况发生变化时应当及时上报调整用款计划。

主管部门审核汇总所属预算单位用款计划后报送财政部门。财政部门根据预算指标、库款情况等批复分月用款计划，不再向国库集中支付业务代理银行下达用款额度。

财政部门根据批复的用款计划生成国库集中支付汇总清算额度通知单，按时签章发送中国人民银行，作为中国人民银行与代理银行清算国库集中支付资金的依据。用款计划变化导致国库集中支付汇总清算额度调整的，财政部门及时将调整结果发送中国人民银行。

三、资金支付

项目建设单位办理资金支付业务时，应当通过系统填报资金支付申请，通过预算单位零余额账户支付资金。按照支出活动的具体特点和管理要求，资金支付分为以下类型。

（一）购买性支出

购买性支出包括所有编制政府采购预算的支出，以及部门预算支出经济分类科目特定范围内的支出。

编制政府采购预算的购买性支出，资金支付申请应当匹配政府采购合同；部门预算支出经济分类科目特定范围内的购买性支出，资金支付申请应当按规定匹配相关合同或协议。

（二）公务卡还款

预算单位比对持卡人报销还款信息和公务卡消费信息后，按照规定办理公务卡还款。公务卡原则上只能用于公务支出活动。

（三）统发工资支出

纳入财政统发范围的工资和离退休经费通过财政零余额账户办理资金支付。统发工资预算指标余额不足时，项目建设单位应当按照预算管理规定及时补足预算指标；未及时补足预算指标的，由项目建设单位按照有关规定自行发放工资。

（四）委托收款

项目建设单位办理水费、电费、燃气费、电话费、网络费用、社会保险缴费、个人所得税缴纳等委托收款业务时，应当提前指定用于委托收款的预算指标。委托收款预算指标额度不足时，项目建设单位可以另行选择预算指标。

除下列情形外，项目建设单位不得从本单位零余额账户向本单位实有资金账户划转资金：

（1）根据政府购买服务相关政策，按合同约定向所属事业单位支付的政府购买服务支出；

（2）确需划转的工会经费、住房改革支出、应缴或代扣代缴的税款，以及符合相关制度规定的工资代扣事项；

（3）暂不能通过零余额账户委托收款的社会保险缴费、职业年金缴费、水费、电费、取暖费等；

（4）按规定允许划转的科研项目资金；

（5）财政部（国库司）规定的其他情形。

第四节　资　产　管　理

资产是指项目建设单位过去的经济业务或者事项形成的、由单位控制的预期能够产生服务潜力或者带来经济利益流入的经济资源，或者依法直接支配的各类经济资源。

资产按照流动性，分为流动资产和非流动资产。其中流动资产是指预计在1年内（含1年）耗用或者可以变现的资产，包括货币资金、短期投资、应收及预付款项、存货等；

非流动资产是指流动资产以外的资产，包括固定资产、在建工程、无形资产、长期投资、公共基础设施、储备物资、文物文化资产、保障性住房和自然资源资产等。

一、资产的确认和计量

（一）资产的确认

符合资产定义的经济资源，需要同时满足以下条件：

（1）与该经济资源相关的服务潜力很可能实现或者经济利益很可能流入本单位；

（2）该经济资源的成本或者价值能够可靠地计量。

（二）资产的计量

项目建设单位在对资产进行计量时，一般应当采用历史成本。采用重置成本、现值、公允价值计量的，应当保证所确定的资产金额能够持续可靠计量。在无法采用上述计量属性的情况下，按照名义金额计量。

基于编制项目竣工财务决算的需要，纳入竣工财务决算的“未完工程投资和预留费用”无法采用历史成本的计价原则，只能采用“计划成本”办理入账手续，且后期一般不再调整。

二、资产的管理

（一）制度管理

项目建设单位应当建立健全资产内部管理制度，实行归口和分类管理，明确资产使用人和管理人的岗位责任加强和规范资产配置、使用和处置管理，维护资产安全完整，提高资产使用效率。

项目建设单位对涉及资产评估的事项，应当按照国家有关规定执行。对需要办理权属登记的资产，应当依法及时办理。

（二）货币资金管理

项目建设单位应当建立健全货币资金管理岗位责任制，不得由一人办理货币资金业务的全过程，确保不相容岗位相互分离；加强货币资金的核查，指定不办理货币资金业务的会计人员定期和不定期抽查盘点库存现金，核查银行存款余额，保证账实相符、账账相符；货币性资产损失核销，应当经主管部门审核同意后报本级财政部门审批；加强对银行账户的管理，严格按照规定的审批权限和程序开立、变更和撤销银行账户。

（三）资产配置管理

项目建设单位应当根据依法履行职能和单位发展的需要，结合资产存量、资产配置标准、绩效目标和经济承受能力配置资产。优先通过调剂方式配置资产。不能调剂的，可以采用购置、建设、租用等方式。

（四）流动资产管理

流动资产是指预计在1年内（含1年）耗用或者可以变现的资产，包括货币资金、短期投资、应收及预付款项、存货等。

其中存货是指项目建设单位在开展业务活动及其他活动中为耗用或出售而储存的资产，包括材料、燃料、包装物和低值易耗品以及未达到固定资产标准的用具、装具、动植物等。

（五）固定资产管理

固定资产是指使用期限超过1年，单位价值在1000元以上，并在使用过程中基本保持原有物质形态的资产。单位价值虽未达到规定标准，但是耐用时间在1年以上的大批同类物资，作为固定资产管理。

（六）在建工程管理

在建工程是指已经发生必要支出，但尚未达到交付使用状态的建设工程。在建工程达到交付使用状态时，应当按照规定办理工程竣工财务决算和资产交付使用，期限最长不得超过1年。

（七）无形资产管理

无形资产是指不具有实物形态而能为使用者提供某种权利的资产，包括专利权、商标权、著作权、土地使用权、非专利技术以及其他财产权利。

（八）对外投资管理

对外投资是指依法利用货币资金、实物、无形资产等方式向其他单位的投资。

项目建设单位应当严格控制对外投资，利用国有资产对外投资应当有利于事业发展和实现国有资产保值增值，符合国家有关规定，经可行性研究和集体决策，按照规定的权限和程序进行；加强对投资项目的追踪管理，及时、全面、准确地记录对外投资的价值变动和投资收益情况。除国家另有规定外，项目建设单位不得使用财政拨款或建设项目资金及其结余进行对外投资，不得从事股票、期货、基金、企业债券等投资。

（九）其他资产管理

项目建设单位对公共基础设施、储备物资、文物文化资产、保障性住房和自然资源资产等的管理，按财政部门会同有关部门制定的具体办法执行。

（十）资产处置管理

项目建设单位的资产处置应当遵循公开、公平、公正和竞争、择优的原则，严格履行相关审批程序。资产出租、出借应当严格履行相关审批程序。

（十一）共享共用管理

项目建设单位应当在确保资产安全使用的前提下，推进大型设备等国有资产共享共用工作，资产使用方应对提供方给予合理补偿。

（十二）资产台账管理

项目建设单位应当建立资产台账，定期或者不定期对资产进行盘点、对账。出现资产盘盈盘亏的，应当按照财务、会计和资产管理制度有关规定处理，做到账实相符和账账相符。

（十三）资产信息管理

项目建设单位应当建立资产信息管理系统，做好资产的统计、报告、分析工作，实现对资产的动态管理。

（十四）资产收入管理

项目建设单位对外投资收益以及利用国有资产出租、出借等取得的收入应当纳入单位预算统一管理。处置国有资产取得的收入除财政部门另有规定外，应及时上缴财政。

第五节　常见问题和风险防控

一、常见问题

（一）内控制度缺失

某项目建设单位认为项目建设单位是临时机构、项目建设期也就二三年时间，可以凭老经验管理好建设资金，没有必要建立相关内控制度，造成建设项目财务（资金）管理不规范、支出审批各环节职责和权限不清晰。

不符合财政部《行政事业单位内部控制规范（试行）》（财会〔2012〕21号）第七条“单位应当根据本规范建立适合本单位实际情况的内部控制体系，并组织实施”等规定。

（二）未按规定管理银行账户

某项目建设单位开设、变更、撤销银行账户未报送上级主管部门或财政部门审批或备案，未纳入预算单位银行账户财政监管系统管理。

不符合《中央预算单位银行账户管理暂行办法》（财库〔2002〕48号）第三条“中央预算单位开立、变更、撤销银行账户，实行财政审批、备案制度”和《行政事业单位内部控制规范（试行）》（财会〔2012〕21号）第四十二条“单位应当加强对银行账户的管理，严格按照规定的审批权限和程序开立、变更和撤销银行账户”等规定。

（三）从零余额账户违规向实有资金账户划转资金

某项目建设单位将应当由工会经费中列支的支出从零余额账户转到实有资金账户。

不符合财政部《关于中央预算单位预算执行管理有关事宜的通知》（财库〔2020〕5号）“（四）……预算单位不得从本单位零余额账户向本单位或本部门其他预算单位实有资金账户划转资金”的相关规定。

（四）固定资产管理不到位

某项目建设单位自项目开工建设以来，未建立资产管理台账，且连续多年未开展固定资产的清查盘点工作，造成资产不清和账实不符。

不符合财政部《行政事业单位内部控制规范（试行）》（财会〔2012〕21号）第四十四条中“（三）建立资产台账，加强资产的实物管理。单位应当定期清查盘点资产，确保账实相符”等规定。

二、风险防控

（一）关键控制点

内部控制制度建设与管理的关键控制点包括：内部控制制度的设计、制定和贯彻执行，银行账户的管理和规范使用，严格按照国库集中支付的有关规定支付项目建设资金，资产管理的手续、流程和要求。

（二）控制措施

内部控制制度是基本建设财务管理的基础性保障和防范财务风险的根本举措。主要有以下几个方面：

（1）项目建设单位的负责人对本单位内部控制的建立健全和有效实施负责。

（2）所制定的内部控制要覆盖项目建设资金活动的决策、执行和监督全过程，重点关注项目建设过程中的重要环节和潜在风险，做到各部门和岗位的分工、职责、层级和业务流程清晰明确，具有良好的操作性，形成有效的相互制约和监督机制。

（3）抓好内部控制制度的贯彻落实，严格执行国家有关部门的规章制度，强化银行账户及货币资金、国库集中支付和资产的管理，保证国有资产的安全、完整和账实相符，以及资金支付的真实性、合法性。

（4）充分发挥财会监督、内部检查和内部审计等监督作用，做好监督成果的运用，将制度执行情况作为部门和岗位考核、奖惩的重要依据。

（三）风险防控

1. 建立健全内控制度体系

项目建设单位要加强内部控制制度的建设和执行，通过制定制度、落实措施和及时纠偏，对项目建设过程中的风险进行防范和管控。在全面控制的基础上，重点关注建设资金收支管理主要环节的重大风险，在单位内部部门管理、职责分工、业务流程等方面形成相互制约和相互监督；强化制度的执行，注重事中事后管理，对违反内控制度的行为追究责任。

2. 按规定管理银行账户

严格按照《中央预算单位银行账户管理暂行办法》（财库〔2002〕48号）及其补充规定、《行政事业单位内部控制规范（试行）》（财会〔2012〕21号）和国库集中支付等有关规定开立、使用、变更、撤销银行账户，落实财政审批、备案制度。

3. 严格按照国库集中制度的规定支付财政资金

加强财务基础工作管理，严格按照《政府会计制度》和《中央财政预算管理一体化资金支付管理办法（试行）》（财库〔2022〕5号）等规定做好财政资金的支付管理。

4. 发挥内部审计和检查等内部监督的作用

项目建设单位要将建设项目的资金管理，作为内部审计工作的重点，充分利用各种专项检查的成果，及时发现和整改存在的问题，并据此修订内部控制制度，建立和完善长效机制，做到举一反三。

第三章　水利基本建设项目建设资金筹集和使用

第一节　建设资金主要来源

建设资金是指为满足项目建设需要筹集和使用的资金，按资金来源渠道分为财政资金和自筹资金。

一、财政资金

财政资金按预算级次划分，包括中央政府投资和地方政府投资；按资金性质包括一般公共预算安排的基本建设投资资金和其他专项建设资金，政府性基金预算安排的建设资金，政府依法举债取得的建设资金，以及国有资本经营预算安排的基本建设项目资金。财政资金管理应当遵循专款专用原则，项目建设单位应当严格按照批准的项目概（预）算执行，不得挤占挪用，保证各类资金的合法使用，保障资金使用安全。

（一）中央政府投资

中央政府投资按资金性质主要有以下来源：

（1）中央预算内投资，一般指发展改革部门下达的投资计划。

（2）中央财政资金，指中央财政安排的用于水利的专项资金、水利发展资金等。

（3）重大水利工程建设基金，指国家为南水北调工程建设、解决三峡工程后续问题以及加强中西部地区重大水利工程而设立的政府性基金。

（4）水利建设基金，指专项用于水利建设的政府性基金。

（5）特别国债，是国债的一种，专款专用。财政部定向发行的用于水利建设的特别国债。

（二）地方政府投资

地方政府投资按资金性质主要有以下来源：

（1）地方财政性资金，指地方财政安排的预算资金、国债资金以及其他财政性资金。

（2）地方政府一般债券和专项债券，根据《国务院关于加强地方政府性债务管理的意见》规定，地方政府债券包括一般债券和专项债券，一般债券用于没有收益的公益性事业，主要以一般公共预算收入偿还；专项债券用于有一定收益的公益性事业，主要以融资项目对应的政府性基金或专项收入偿还。

（3）水利建设基金，指专项用于水利建设的政府性基金。

二、自筹资金

自筹资金按资金性质主要有以下来源：

（1）企业和私人投资，主要指企业、私人投入的各类资金。

（2）国内贷款，指水利基本建设项目建设单位向银行及非银行金融机构借入用于水利基本建设项目建设的各种国内借款，包括银行利用自有资金及吸收存款发放的贷款、上级拨入的国内贷款、国家专项贷款、地方财政专项资金安排的贷款、国内储备贷款、周转贷款等。

（3）债券，指企业或金融机构为筹集用于水利基本建设项目建设资金向投资者出具的承诺按一定发行条件还本付息的债务凭证，主要包括企业债券等。

（4）其他投资，包括社会集资、无偿捐赠的资金及其他单位拨入的资金等。

第二节　建设资金使用管理

一、中央预算内投资

中央预算内投资是指由国务院投资主管部门负责管理和安排的用于水利基本建设的中央财政性投资资金。

根据《关于规范中央预算内投资资金安排方式及项目管理的通知》，为充分发挥政府投资资金的引导带动作用，加强和改进中央预算内投资资金及项目管理工作，对中央预算内投资资金安排方式及项目管理作出了规定。

（一）中央预算内投资资金安排方式

根据《政府投资条例》，中央预算内投资资金的安排方式包括直接投资、资本金注入、投资补助、贷款贴息等。

（1）直接投资，是指政府安排政府投资资金投入非经营性项目，并由政府有关机构或其指定、委托的机关、团体、事业单位等作为项目建设单位组织建设实施的方式。

（2）资本金注入，是指政府安排政府投资资金作为经营性项目的资本金，指定政府出资人代表行使所有者权益，项目建成后政府投资形成相应国有产权的方式。

（3）投资补助，是指政府安排政府投资资金，对市场不能有效配置资源、确需支持的经营性项目，适当予以补助的方式。

（4）贷款贴息，是指政府安排政府投资资金，对使用贷款的投资项目贷款利息予以补贴的方式。

（二）中央预算内投资资金安排方式的要求

项目建设单位在申请中央预算内投资计划时，应当根据各投资专项的具体规定，提出拟采取的资金安排方式。收到投资计划时，应当根据不同的资金安排方式，按照《政府投资条例》有关规定规范项目管理。因投资建设需要，项目由两个及以上建设单位组织实施的，可以分别采取不同的投资资金安排方式。

1. 中央预算内直接投资项目管理

中央预算内直接投资项目（以下简称直接投资项目）是指投资主管部门安排中央预算内投资建设的中央本级（包括中央部门及其派出机构、垂直管理单位、所属事业单位）非经营性固定资产投资项目。

直接投资项目实行审批制，包括审批项目建议书、可行性研究报告、初步设计。情况特殊、影响重大的项目，需要审批开工报告。国务院、投资主管部门批准的专项规划中已经明确、前期工作深度达到项目建议书要求、建设内容简单、投资规模较小的项目，可以直接编报可行性研究报告，或者合并编报项目建议书。

申请安排中央预算内投资3,000万元及以上的项目，以及需要跨地区、跨部门、跨领域统筹的项目，由相关部门审批，其中特别重大项目报国务院批准；其余项目按照隶属关系，由中央有关部委审批。

2. 中央预算内投资补助和贴息项目管理

根据《中央预算内投资补助和贴息项目管理办法》，中央主要采取投资补助、贷款贴息方式支持项目建设，投资补助是指国家相关部门对符合条件的地方政府投资项目和企业投资项目给予的投资资金补助；贴息是指国家相关部门对符合条件，使用了中长期贷款的投资项目给予的贷款利息补贴，投资补助和贴息资金均为无偿投入。

（1）资金使用重点，用于市场不能有效配置资源，需要政府支持的经济和社会领域。具体包括：社会公益服务和公共基础设施；农业和农村；生态环境保护和修复；重大科技进步；社会管理和国家安全；符合国家有关规定的其他公共领域。原则上不得用于已完工项目；同一项目原则上不得重复申请不同专项资金。

（2）资金使用要求，项目应当严格执行国家有关政策要求，不得擅自改变主要建设内容和建设标准，严禁转移、侵占或者挪用中央预算内投资。

（3）资金使用调整，因不能开工建设或者建设规模、标准和内容发生较大变化等情况，导致项目不能完成既定建设目标的，项目单位和项目汇总申报单位应当及时报告情况和原因，国家相关部门可以根据具体情况进行相应调整。

二、中央预算内投资专项

中央预算内投资专项是为了某一项专门的内容安排的中央预算内投资。如国家水网骨干工程、水安全保障工程、重大区域发展战略建设（黄河流域生态保护和高质量发展方向）中央预算内投资专项等。

（一）管理模式

专项按照“大专项＋任务清单”模式管理。安排和使用遵循统筹兼顾、突出重点、程序完备、有效监管的原则，平等对待各类投资主体。安排年度中央预算内投资计划的项目，应符合中央预算内投资支持条件，纳入国家级相关规划或方案，并已按程序完成前期工作，年度投资规模根据工程建设进度和中央预算内投资可能等因素合理确定，计划执行进展情况通过投资项目在线审批监管平台（国家重大建设项目库）、水利统计管理信息系统等信息平台进行调度和监管，按规定实施绩效管理。

（二）支持范围与方式

专项安排中央直属项目以直接投资方式为主，对确需支持的经营性项目，主要采取资本金注入方式，也可以适当采取投资补助等方式。专项安排地方的中央预算内投资，具体到项目的应按项目明确资金安排方式，打捆、切块下达的由地方分解投资计划时按项目明确资金安排方式。国家相关部门根据各类项目性质和特点、中央和地方事权划分原则、所在区域经济社会发展水平等情况，在相关政策文件、规划、实施方案中研究确定中央预算内投资支持范围，并实行差别化的国家水网骨干工程中央预算内投资政策，统筹加大对中西部等欠发达地区的扶持力度。

对由地方负责筹措建设资金，但具有投融资改革示范作用的项目，在建立规范的投资建设运营管理体制、合理的定价收费机制、完善的法人治理结构，且明确政府出资人代表、确保各类投资主体同股同权、切实维护国有资产权益的基础上，按照《中央预算内投资资本金注入项目管理办法》有关规定，可安排一定资金用于项目资本金，原则上不超过同一地区同类工程中央支持标准的50％。

三、中央财政水利发展资金

中央财政水利发展资金是指中央财政预算安排用于支持有关水利建设和改革的转移支付资金。水利发展资金政策实施期限至2027年，到期前评估确定是否继续实施和延续期限。资金的分配、使用、管理和监督按照《水利发展资金管理办法》的规定执行。

（一）资金管理

项目建设单位应根据相关部门的要求，组织编制水利发展资金支持的相关规划或实施方案，做好项目和资金管理以及绩效管理等相关工作。

应当按照防范和化解财政风险要求，强化流程控制、依法合规分配和使用资金，实行不相容岗位（职责）分离控制。

水利发展资金申报、使用管理中存在弄虚作假或挤占、挪用、滞留资金等财政违法违规行为的，对相关单位及个人，依照《中华人民共和国预算法》以及《财政违法行为处罚处分条例》等国家有关规定追究相应责任。

（二）支出范围

（1）水旱灾害防御支出。用于流域面积200～3,000km^2的中小河流治理，小型水库除险加固以及雨水情测报、大坝安全监测设施建设，山洪灾害防治，水利工程维修养护等提升水旱灾害防御能力的相关支出。

（2）调水工程等小型水源工程建设，水资源刚性约束与调度，农业水价综合改革等促进水资源集约节约利用的相关支出。

（3）水资源保护与修复治理支出。用于地下水超采综合治理，水土流失综合治理，淤地坝治理，河湖水系连通整治复苏，水库河塘清淤，推行河湖长制强化河湖管护等加强水资源保护与修复治理的相关支出。

党中央、国务院确定的水利发展其他重点工作根据水利发展资金年度预算统筹安排。水利发展资金不得用于征地移民、城市景观、财政补助单位人员经费和运转经费、交通工具和办公设备购置等经常性支出以及楼堂馆所建设支出。经省级相关部门确定费用上限比例后，县级可按照从严从紧的原则，在中央财政水利发展资金中列支勘察设计、工程监理、工程招标、工程验收等费用，省、市两级不得在中央财政水利发展资金中列支上述费用。

（三）管理方式

水利发展资金实行“大专项＋任务清单”管理方式，并实施年度动态调整。项目建设单位应做好项目前期工作，加强项目储备和项目库管理，加快项目实施和预算执行进度。按照财政国库管理制度有关规定做好水利发展资金的支付。属于政府采购管理范围的，按照政府采购有关法律法规规定执行。结转结余资金，按照《中华人民共和国预算法》和其他有关结转结余资金管理的相关规定处理。属于政府和社会资本合作项目的，按照国家有关规定执行。

（四）绩效管理

水利发展资金应当按要求设定绩效目标。绩效目标应当清晰反映水利发展资金的预期产出和效果，绩效指标应当细化、量化，并以定量指标为主、定性指标为辅。

绩效目标分为整体绩效目标和区域绩效目标。整体绩效目标由中央相关主管部门设定。区域绩效目标由项目建设单位提出，省级相关部门审核汇总复核后，在规定时间内报送中央主管部门。

项目建设单位应按照批复的绩效目标组织预算执行。需调整和完善年度区域绩效目标的，应按规定报相关部门。

对照下达绩效目标开展绩效自评，形成水利发展资金绩效自评报告和绩效自评表。对本级自评结果和绩效评价材料的真实性负责。

分配给国家乡村振兴重点帮扶县的水利发展资金，在延续整合试点政策到期后，纳入水利发展资金绩效管理范围。分配给其他脱贫县的水利发展资金，自2024年起纳入水利发展资金绩效管理范围。国务院或财政部等另有规定的，从其规定。

四、国家重大水利工程建设基金

国家重大水利工程建设基金，是国家为支持南水北调工程建设、解决三峡工程后续问题以及加强中西部地区重大水利工程建设而设立的政府性基金。国家重大水利工程建设基金属于政府性基金的一种，政府性基金是指各级人民政府及其所属部门根据法律、行政法规和中共中央、国务院文件规定，为支持特定公共基础设施建设和公共事业发展，向公民、法人和其他组织无偿征收的具有专项用途的财政资金。

（一）资金分配

北京、天津、河北、河南、山东、江苏、上海、浙江、安徽、江西、湖北、湖南、广东、重庆等14个南水北调和三峡工程直接受益省份缴入中央国库的重大水利基金，纳入中央财政预算管理，由中央财政安排用于南水北调工程建设、三峡工程后续工作和支付三峡工程公益性资产运行维护费用、支付重大水利基金代征手续费。

（二）资金使用

（1）用于南水北调工程建设的重大水利基金，由南水北调工程项目建设单位根据工程建设进度提出年度投资建议，由国家相关部门审核后，纳入国家固定资产投资计划。同时，编制重大水利基金年度支出预算，报财政部审核。财政部根据批准的年度投资计划、基金收支预算和基金实际征收入库情况安排资金。

（2）用于三峡工程后续工作的重大水利基金，按照经国务院批准的《三峡工程后续工作规划》要求安排使用。

（3）缴入中央国库的重大水利基金在满足南水北调工程建设和三峡工程后续工作需要后的结余资金，由国家相关部门提出分配和使用意见，报国务院确定。

（4）重大水利基金应严格按规定安排使用，实行专款专用，年终结余结转下年度继续使用。

国家重大水利工程建设基金从2010年1月1日开始征收，原计划于2019年12月31

日停征，根据财政部《关于调整部分政府性基金有关政策的通知》，延期至2025年12月31日。

五、中央水利建设基金

中央水利建设基金，是指经国务院批准筹集的专门用于水利建设的政府性基金，中央水利建设基金纳入中央预算管理。中央水利建设基金主要用于关系经济社会发展全局的重点水利工程建设。跨流域、跨省（自治区、直辖市）的重大水利建设工程和跨国河流、国界河流我方重点防护工程的治理投资由中央和地方共同负担。中央水利建设基金提取到2020年12月31日截止。

（一）资金分配

中央水利建设基金专项用于：关系经济社会发展全局的防洪和水资源配置工程建设及其他经国务院批准的水利工程建设；中央水利工程维修养护；防汛应急度汛。资金使用结构为：55%用于水利工程建设；30%用于水利工程维修养护；15%用于应急度汛，各部分资金结余可统筹安排使用。

（二）资金使用要求

中央水利建设基金用于大江大河大湖治理工程支出的范围是：大江大河大湖治理工程建设；大型水利枢纽工程建设；跨流域调水工程建设；大江大河的上游综合治理和中下游清淤及流域内蓄滞洪区安全建设；防汛预警指挥系统建设；其他经国务院批准的重点水利工程建设。水利建设基金收支纳入政府性基金预算管理，实行专款专用，年终结余结转下年度安排使用。

六、政府举债

政府举债按举借债务方式不同，可分为国家债券和国家借款。国家债券是通过发行债券形成国债法律关系，国家债券主要有国库券、国家经济建设债券、国家重点建设债券等。国家借款是按照一定的程序和形式，由借贷双方协商，签订协议或合同，形成国债法律关系。国家借款是国家外债的主要形式，包括外国政府贷款、国际金融组织贷款和国际商业组织贷款等。用于水利建设的国家债券主要有国债专项资金、特别国债和国际金融组织和外国政府贷款等。

（一）国债专项资金

中央政府为了扩大内需、拉动经济增长，通过增发国债专项用于加大基础设施建设等方面投入的资金。目前阶段已无国债专项资金用于水利建设。

（二）特别国债

2020年为应对新冠肺炎疫情影响，由中央财政统一发行抗疫特别国债，部分投资转给地方主要用于公共卫生、水利建设等基础设施建设和抗疫相关支出。

抗疫特别国债资金属于特定形势下新增的财政专项资金，与其他财政资金相比，管理要求更高、监管程序更严。

（1）资金用途。抗疫特别国债资金只能用于基础设施建设和疫情防控相关支出两个方面，且基础设施建设项目原则上要有一定收益保障，疫情防控相关支出要直接惠企利民。

（2）资金分配。下一级财政部门必须在收到上一级财政下达的抗疫特别国债资金文件后，形成资金分配细化方案，报上一级财政备案。

（3）资金监管。一是资金分配、拨付和使用通过直达资金监管系统全程监控；二是资金使用单位要及时将资金直接支付至受益对象，并建立实名台账；三是资金分配、使用和管理等相关信息，要及时在政府信息公开网公开，接受社会公众监督。

（4）绩效管理。一是要根据项目特点对每一支出项目分别组织并科学设定绩效目标，报送上一级财政审查批准后，与追加预算同步批复下达；二是在项目实施过程中，要组织资金使用单位开展绩效执行监控，对绩效执行监控中发现的突出问题，及时采取纠偏措施或调整经费安排；三是项目实施完毕后，开展支出绩效评价，并将绩效评价结果以适当方式进行通报。

（5）跟踪问效。一是建立常态化的监督机制，紧密跟踪资金使用情况，提高资金使用效益；二是要对资金监督管理中发现的问题及时进行整改；三是年度终了，项目建设单位要全面总结和报告当年抗疫特别国债资金分配、拨付、使用、偿还、绩效管理以及监管发现问题整改情况。

（三）国际金融组织和外国政府贷款

经批准代表国家统一筹借并形成政府外债的贷款，以及与上述贷款搭配使用的联合融资，按照《国际金融组织和外国政府贷款赠款管理办法》进行管理。

（1）贷款分类。按照政府承担还款责任的不同，贷款分为政府负有偿还责任贷款和政府负有担保责任贷款。

政府负有偿还责任贷款，应当纳入本级政府的预算管理和债务限额管理，其收入、支出、还本付息纳入一般公共预算管理。

政府负有担保责任贷款，不纳入政府债务限额管理。政府依法承担并实际履行担保责任时，应当从本级政府预算安排还贷资金，纳入一般公共预算管理。

（2）项目建设单位履行下列职责：

1）按照贷款方或赠款方及国内相关制度要求，开展贷款和赠款项目的准备工作，办理相关审核、审批手续，并按照财政部门要求提供担保或反担保。

2）按照贷款、赠款法律文件和国内相关规定，落实项目配套资金，组织项目采购，开展项目活动，推进项目进度，监测项目绩效等。

3）制定并落实贷款、赠款项目的各项管理规定，安全、规范、有效地使用资金。

4）及时编制和提交项目进度报告、财务报告和完工报告等，全面、客观、真实地反映项目进展情况。

5）制定贷款偿还计划，筹措和落实还贷资金，按时足额偿还贷款。

6）建立项目风险应急处置机制和防控措施，防范和化解债务风险。

7）配合和协助贷款方或赠款方以及国内相关部门开展项目检查、绩效管理和审计等工作。

8）项目实施单位应当履行的其他职责。

（3）贷款使用。贷款使用包括年度计划及预算编制、项目采购、资金支付、财务管理、项目调整、绩效监测及其相关的管理工作等。

（4）债务偿还。债务偿还包括还款计划制定、还款安排、欠款回收、还贷准备金管理、影响贷款偿还事项的处理等。

政府负有偿还责任的贷款，财政部门应当按照预算安排及时足额履行还款责任。政府负有担保责任的贷款，财政部门应当向上一级财政部门提供担保，并督促项目建设单位制订还款计划，按时足额还款。

七、中央国有资本经营预算

中央国有资本经营预算是中央政府以所有者身份依法取得国有资本收益，并对所得收益进行分配而发生的各项收支预算，是中央政府预算的重要组成部分，目前中央政府投资中使用国有资本经营预算进行水利基本建设的资金较少。

（一）资金来源

资金来源于中央企业上交，纳入国有资本经营预算管理的国有资本收益。主要包括：

（1）利润收入，即国有独资企业按规定应当上缴国家的税后利润。

（2）股利、股息收入，即国有控股、参股企业国有股权（股份）享有的股利和股息。

（3）产权转让收入，即国有产权（含国有股份）转让取得的收入。

（4）清算收入，即国有独资企业清算收入（扣除清算费用）和国有控股、参股企业国有股权（股份）分享的清算收入（扣除清算费用）。

（5）其他国有资本经营收入。

（二）资金使用

中央国有资本经营预算支出，可采取国有企业资本金注入，投向关系国家安全和国民经济命脉的重要行业和关键领域，其中包括水利基本建设。项目建设单位在经批准的预算范围内提出申请，报经财政部门审核后，按照财政国库管理制度的有关规定，直接拨付项目建设单位。项目建设单位应当按照规定用途使用、管理预算资金，并依法接受监督。

八、地方政府投资

地方政府投资是指中央财政以下的各级财政安排的用于水利基本建设投资，按照资金来源的性质划分主要有：一般公共预算安排的基本建设投资资金和其他专项建设资金，主要包括地方预算内投资、地方财政专项等；政府性基金预算安排的建设资金，主要包括省级重大水利工程建设基金、地方水利建设基金等；政府依法举债取得的建设资金，主要包括地方政府一般债券、地方政府专项债券等；国有资本经营预算安排的基本建设项目资金，主要包括地方国有资本经营预算支出安排的资金。

（一）一般公共预算资金和专项建设资金

一般公共预算资金和专项建设资金按相关规定执行。

（二）省级重大水利工程建设基金

省级重大水利工程建设基金，是国家重大水利工程建设基金省级分成部分。

（1）资金分配要求。山西、内蒙古、辽宁、吉林、黑龙江、福建、广西、海南、四川、贵州、云南、陕西、甘肃、青海、宁夏、新疆等16个南水北调和三峡工程非直接受益省份缴入省级国库的重大水利基金，纳入省级财政预算管理，专项用于本地重大水利工程建设。

（2）资金使用要求。缴入省级国库的重大水利基金，由省级发展改革部门纳入固定资产投资计划统筹安排，并由省级财政部门编制年度基金收支预算。省级财政部门根据批准的年度投资计划、基金收支预算和基金实际征收入库情况安排资金。16 个省份要将重大水利基金年度收支情况报国家相关部门备案。

（三）地方水利建设基金

地方水利建设基金，是指经国务院批准筹集的专门用于水利建设的政府性基金，地方水利建设基金纳入地方预算管理，主要用于关系地方经济社会发展全局的重点水利工程建设。

（1）资金分配要求。地方水利建设基金专项用于：大江大河主要支流、中小河流、湖泊治理；病险水库除险加固；城市防洪设施建设；地方水资源配置工程建设；地方重点水土流失防治工程建设；农村饮水和灌区节水改造工程建设；地方水利工程维修养护和更新改造；防汛应急度汛；其他经省级人民政府批准的水利工程项目。

（2）资金使用要求。地方水行政主管部门根据水利建设规划，编制年度水利建设基金支出预算，经同级财政部门审核后，纳入政府性基金预算。地方财政部门根据批准的水利建设基金预算和基金实际征收入库情况拨付资金。其中，水利建设基金用于固定资产投资项目，要纳入固定资产投资计划。任何部门和单位不得任意提高水利建设基金的征收标准，不得扩大使用范围，不得截留、挤占或挪用。各级财政、计划、审计部门要加强对水利建设基金的监督检查，违者要严肃处理。

根据《财政部关于民航发展基金等 3 项政府性基金有关政策的通知》的规定，2020 年 12 月 31 日前已开征地方水利建设基金的省、自治区、直辖市，省级财政部门可提出免征、停征或减征地方水利建设基金的方案，报省级人民政府批准后执行。

（四）地方政府一般债券

地方政府一般债券是指省、自治区、直辖市政府（含经省级政府批准自办债券发行的计划单列市政府）为没有收益的公益性项目发行的、约定一定期限内主要以一般公共预算收入还本付息的政府债券。省、自治区、直辖市依照国务院下达的限额举借的债务，列入本级预算调整方案，报本级人民代表大会常务委员会批准。债券资金收支列入一般公共预算管理。

资金使用要求。一般债券收入应当用于公益性资本支出，不得用于经常性支出，支出应当明确到具体项目，纳入财政支出预算项目库管理，并与中期财政规划相衔接。一般债券用于水利基本建设投资时，应按批复的用途使用、管理债券资金，并依法接受监督。

（五）地方政府专项债券

专项债券是地方政府债券的一种类型，是指省、自治区、直辖市政府为有一定收益的公益性项目发行的，约定一定期限内公益性项目对应的政府性基金或专项收入还本付息的政府债券。

专项债券存续期内，各地应按有关规定持续披露募投项目情况、募集资金使用情况、对应的政府性基金或专项收入情况以及可能影响专项债券偿还能力的重大事项等。信息披露遵循诚实信用原则，不得有虚假记载、误导性陈述或重大遗漏。专项债券用于水利基本建设投资时，应按批复的用途使用、管理债券资金，并依法接受监督。

九、自筹资金

自筹资金投资水利基本建设的种类和方式比较多，目前主要有：社会资本投资；国内金融机构贷款；发行企业债券；捐赠。

（一）社会资本投资

社会资本是来自政府预算之外的企业或个体的投资资金。2014年，国务院制定了关于创新重点领域投融资机制鼓励社会投资的指导意见，鼓励社会资本投资运营水利工程。2015年以来，为激发社会资本活力，相关部门制定出台《关于鼓励和引导社会资本参与重大水利工程建设运营的实施意见》《关于印发鼓励和引导民间资本参与农田水利建设实施细则的通知》《关于印发鼓励和引导民间资本参与水土保持工程建设实施细则的通知》等多项政策文件，通过投资补助、财政贴息、价格机制、税费优惠等多种措施，鼓励社会资本以多种形式参与水利工程建设运营，取得了积极进展和成效。“十二五”期间，全国社会资本用于水利建设的投资比重不断扩大，全国社会资本用于水利建设资金达964亿元左右，约为“十一五”期间的5.4倍，自筹资金在水利建设投资中的比重进一步提高。

社会资本投资运营水利工程的模式也较多。在新建项目方面，可通过水利投融资平台来融资，融资后投资水利基本建设，目前地方政府大部分成立了水利投融资公司，整合当地水利经营性资产，吸引社会资本，为水利项目提供融资支持；还通过建立健全政府和社会资本合作（Public－Private－Partnership，PPP）机制，鼓励社会资本以特许经营、参股控股等多种形式参与重大水利工程建设运营。在盘活现有重大水利工程国有资产方面，通过股权出让、委托运营、整合改制、不动产投资信托基金（REITs）等方式，吸引社会资本参与，筹得的资金用于新工程建设。

政府和社会资本合作模式（PPP）。政府和社会资本合作模式是在基础设施及公共服务领域建立的一种长期合作关系。通常模式是由社会资本承担设计、建设、运营、维护基础设施的大部分工作，并通过“使用者付费”及必要的“政府付费”获得合理投资回报；政府部门负责基础设施及公共服务价格和质量监管，以保证公共利益最大化。为规范管理，相关部门出台《关于依法依规加强PPP项目投资和建设管理的通知》对PPP项目投资进行了规范。

基础设施领域不动产投资信托基金（REITs）。2020年4月，国家相关部门联合发布《关于推进基础设施领域不动产投资信托基金（REITs）试点相关工作的通知》，打开中国基础设施领域公募不动产投资信托基金（REITs）市场的大门。2020年8月，国家相关部门要求开展水利领域不动产投资信托基金（REITs）试点项目申报工作。

（二）国内金融机构贷款

国内金融机构贷款，是指我国依法设立的商业银行等金融机构对借款人所提供的按约定的利率和期限还本付息的货币资金。项目建设单位可同金融机构洽谈签订合同，借入资金用于水利基本建设，做好财务方案，按期还本付息，按规定用途使用资金。

2012年，相关部门出台《关于进一步做好水利改革发展金融服务的意见》，对进一步改进和加强水利改革发展的金融服务作出顶层设计，明确多项含金量高的金融支持水利改革发展的政策措施。2015年，为加快推进172项重大水利工程建设，按照国务院第83次常务会议精神，相关部门印发《关于专项过桥贷款支持重大水利工程建设的意见》，明确农发行为地方开展重大水利工程建设提供无担保、低利率的过桥贷款。2016年，相关部门出台《关于用好抵押补充贷款资金支持水利建设的通知》，通过抵押补充贷款资金为水利项目发放低成本的优惠贷款。2011年以来，多家银行均把水利作为重点支持领域，通过实行优惠利率、延长贷款期限、科学设计金融产品、开辟绿色通道等方式，全力支持水利建设。

（三）发行企业债券

企业债券，是企业依照法定程序发行，约定在一定期限内还本付息的有价证券。具有法人资格的项目建设单位经过有权机关审批后可以发行企业债券，用于水利基本建设，做好财务方案，按期还本付息，按规定用途使用资金。

从发行条件看，企业债券发行的基本条件有五个：

（1）企业规模达到国家规定的要求。

（2）企业财务会计制度符合国家规定。

（3）具有偿债能力。

（4）企业经济效益良好，发行企业债券前连续三年盈利。

（5）所筹资金用途符合国家产业政策。从利率控制看，企业债券的利率不得高于银行相同期限居民储蓄定期存款利率的40%。

（四）捐赠

捐赠是自然人、法人或者其他组织自愿无偿向依法成立的公益性水利工程建设单位捐赠财产。

捐赠应当是自愿和无偿的，禁止强行摊派或者变相摊派，不得以捐赠为名从事营利活动。捐赠财产的使用应当尊重捐赠人的意愿，符合公益目的，不得将捐赠财产挪作他用。捐赠应当遵守法律法规，不得违背社会公德，不得损害公共利益和其他公民的合法权益。受赠的财产，受国家法律保护，任何单位和个人不得侵占、挪用和损毁。

捐赠人捐赠财产兴建公益水利工程项目，应当与受赠人订立捐赠协议，对工程项目的资金、建设、管理和使用作出约定。捐赠的公益水利工程项目由受赠单位按照国家有关规定办理项目审批手续，并组织施工或者由受赠人和捐赠人共同组织施工。工程质量应当符合国家质量标准。捐赠的公益水利工程项目竣工后，受赠单位应当将工程建设、建设资金的使用和工程质量验收情况向捐赠人通报。

受赠人接受捐赠后，应当向捐赠人出具合法、有效的收据，将受赠财产登记造册，妥善保管。受赠人应当依照国家有关规定，建立健全财务会计制度和受赠财产的使用制度，加强对受赠财产的管理。

第三节　建设资金构成

一、非经营性项目建设资金构成

非经营性水利基本建设项目是具有防洪、排涝、抗旱和水资源管理等社会公益性管理和服务功能，自身无法得到相应经济回报，市场不能有效配置资源的水利项目。按照财务隶属关系，分为中央项目和地方项目。

（一）中央项目

中央项目是指财务关系隶属于中央部门（或单位）的项目。中央项目一般由中央政府全额投资，资金构成主要有：中央预算内投资、中央预算内投资专项、中央国有资本经营预算等。资金按项目安排，以直接投资方式为主。

（二）地方项目

地方项目是财务关系隶属于地方政府的项目，一般局部受益的防洪除涝、城市防洪、灌溉排水、河道整治、供水、水土保持、水资源保护、中小型水电建设等项目属于地方项目。按照中央政府投资占比的多少可分为三类：中央投资项目、中央补助项目、地方投资项目。中央投资项目一般是指由中央审批立项，并在立项阶段确认中央投资额度的项目，中央政府投资占比大于50%；中央补助项目一般是指由地方审批立项、中央根据有关政策给予适当投资补助的项目，中央政府投资占比小于50%；地方投资项目是指由地方审批立项并全部由地方投资建设的项目。

资金构成包括中央政府投资和地方政府投资中多种资金来源的组合。

二、经营性项目建设资金构成

经营性项目指以经济效益为主的水利项目，如城市供水、水力发电等建设项目。经营性项目资金来源比较广泛，可以是财政资金，也可以是自筹资金。财政资金投资的，主要采取资本金注入方式，也可以适当采取投资补助、贷款贴息等方式。资本金注入主要按照《中央预算内投资资本金注入项目管理办法》规定执行。自筹资金可以作为资本金注入，也可以债券、贷款等方式筹集。

采取资本金注入方式安排的中央预算内投资，应按照集中力量办大事、难事、急事的原则要求，主要用于国家完善有关政策措施，发挥政府投资资金的引导和带动作用，鼓励社会资金投向市场不能有效配置资源的社会公益服务、公共基础设施、农业农村、生态环境保护、重大科技进步、社会管理、国家安全等公共领域的经营性项目。

采取资本金注入安排中央预算内投资的专项，应当在工作方案或管理办法中明确资本金注入项目条件、资金安排标准、监督管理等主要内容，作为各专项资本金注入项目管理的具体依据。

中央预算内投资所形成的资本金属于国家资本金，由政府出资人代表行使所有者权益。政府出资人代表原则上应为国有资产管理部门、事业单位，国有或国有控股企业。

政府出资人代表对项目建成后中央预算内投资形成的国有产权，根据《中华人民共和国公司法》、国有资产有关法律法规及项目建设单位章程规定，行使有关权利并履行相应义务。

国家建立健全政策措施，鼓励政府出资人代表对中央预算内投资资本金注入项目所持有的权益不分取或少分取红利，以引导社会资本投资。

第四节　案　　例

2019年3月，相关部门批复了《H省C水库工程可行性研究报告》。2019年6月，相关部门批复了《H省C水库工程初步设计报告》，报告核定C水库工程总投资986,960万元，由财政资金和自筹资金组成。其中财政资金包括中央预算内投资 503,840 万元、省级投资 318,378 万元，市级投资 120,000 万元，自筹资金为银行贷款 44,742 万元。省级投资包括省基建投资 81,250 万元、省财政专项 93,200 万元、省水利基金 78,640 万元、省专项建设基金 65,288 万元。

从上述案例可以看出，C 水库工程是公益性项目，属地方项目中的中央投资项目。资金筹措主要考虑受益区域和工程建成后的水费收入，确定了主要通过财政预算、少部分自筹的筹资思路。C 水库作为流域性重要水利基础设施，具有防洪、拦蓄、供水的多种功能，按规定申请了中央资金。根据相关受益区各级政府事权和支出责任划分，确定省级和市级财政资金筹集数额，积极利用各级政府的筹措渠道，特别是利用了省级财政的四种资金渠道。根据工程建设后的水费收入测算，确定了利用金融机构贷款数额，达到资金筹措结构最佳的效果。

第五节　常见问题和风险防控

一、常见问题

水利基本建设项目建设资金筹集和使用中常见的问题有：

（1）地方财政配套资金不到位。一些水利建设项目要求地方财政配套一部分资金，因地方政府财政困难，市、县级财政配套的资金难以到位，影响项目建设。

（2）未实行专款专用，挪用水利建设项目资金。将水利建设资金挪到别的建设项目或用于其他用途。

二、风险防控

（一）关键控制点

资金筹集和使用的关键控制点包括：地方配套资金到位、资金专款专用等。

（1）地方配套资金到位。地方配套资金到位是保障工程顺利实施的基本条件，资金不能足额到位，将严重影响工程建设的进度。配套资金不到位的主要原因：一是地方财政困难。有些地方经济发展落后，需要财政资金保障支出的项目较多，在守牢“三保”（保基本民生、保工资、保运转）底线的压力下，很难安排资金来做建设项目配套。二是一味地争取项目。有些地方领导在任期内出于对政绩的考虑，想建设一些民生项目，但是没有考虑地方财力的实际情况，一味地争取项目。

（2）资金专款专用。《基本建设财务规则》规定，财政资金管理应当遵循专款专用原则，严格按照批准的项目预算执行，不得挤占挪用。

（二）防控措施

针对水利基本建设项目建设资金筹集和使用中常见的问题，应采取以下防控措施。

（1）要督促有关部门和单位，加快落实地方配套资金。地方各级政府是落实本地区地方配套资金的责任主体。项目建设单位要认真履行职责，采取措施，加大力度，协调有关部门和单位，加快落实地方配套资金。对于配套资金不落实的地区，上级主管部门要相应扣减或暂缓下达该地区后续投资预算。

（2）要统筹地方财力，确保地方政府配套资金落实到位。地方各级财政部门要统筹安排财力，或利用政府融资平台通过市场机制等多渠道筹集资金，切实保证地方政府配套资金及时落实到位。

（3）加强概算和预算控制。水利建设项目计划部门的资金使用应以批复的概算和预算为基础，控制在批复的建设内容和总投资以内，按年度细化项目预算申请资金使用，防范资金挪用。

（4）监控资金使用。相关主管部门要加强建设项目资金使用监管，加强监督检查，及时监控资金使用存在的问题并纠正。

第四章　水利基本建设项目资金预算管理

第一节　项目资金预算概述

一、项目资金概算

水利基本建设项目概算是指在初步设计阶段，设计单位为确定拟建水利建设项目所需的投资额或费用而编制的工程造价文件。由于初步设计阶段对建筑物的布置、结构型式、主要尺寸以及机电设备型号、规格等均已确定，所以概算是对建设工程造价有定位性质的造价测算。设计概算是编制投资计划和基本建设支出预算，进行建设资金筹措的依据，也是考核设计方案和建设成本是否合理的依据。

水利基本建设项目概算应包括国家规定的项目建设所需的全部费用，按现行费用划分办法包括以下费用：工程费（包括建筑及安装工程费、设备费）、独立费用、预备费和建设期融资利息。

设计概算经过审批后，就成为控制建设项目总投资的主要依据，除项目建设期价格大幅上涨、政策调整、地质条件发生重大变化和自然灾害等不可抗力因素外，经核定的概算不得突破。

二、项目投资计划

水利基本建设项目投资计划是根据国家投资规模、项目前期工作情况以及按项目的轻重缓急和工程建设进展情况，由水利建设项目主管部门按年度下达的资金安排计划。

国务院投资主管部门对其负责安排的水利政府投资编制政府投资年度计划，水利部对其负责安排的本行业、本领域的水利政府投资编制政府投资年度计划，县级以上地方人民政府有关部门按照本级人民政府的规定，编制水利政府投资年度计划。

水利政府投资年度计划应当明确项目名称、建设内容及规模、建设工期、项目总投资、年度投资额及资金来源等事项。

列入水利政府投资年度计划的项目应当符合下列条件：

（1）采取直接投资方式、资本金注入方式的，可行性研究报告已经批准或者投资概算已经核定。

（2）采取投资补助、贷款贴息等方式的，已经按照国家有关规定办理手续。

（3）县级以上人民政府有关部门规定的其他条件。

政府投资年度计划应当和本级预算相衔接，财政部门应当根据经批准的预算，按照法律、行政法规和国库管理的有关规定，及时、足额办理政府投资资金拨付。

三、项目资金预算

（一）项目资金预算

水利基本建设项目资金预算是指主管部门根据财政部门下达的基本建设支出预算指标（控制数），将基本建设支出按经济性质划分具体用途编制的细化预算。项目资金预算是部门预算的重要组成部分，各主管部门在编制年度预算时应将基本建设投资项目资金预算一并编入部门预算。

（二）财政资金预算

水利建设项目财政资金预算是指项目建设单位以批准的概算为基础，按照项目实际建设资金需求，根据主管部门下达的基本建设支出预算指标编制的年度预算。使用政府投资资金的，编入中央部门预算或地方政府年度预算。使用国有资本经营预算的，应编入国有资本经营预算。

四、项目概算、投资计划、财政资金预算的关系

项目概算、投资计划、财政资金预算都是水利建设项目投资管理的重要方面，概算是对总投资管理，投资计划是对年度投资管理，财政资金预算是对年度资金安排的预算。这三者的区别在于：

（一）批复的阶段不同

项目概算是项目立项阶段批复，一般随初步设计批复，投资计划和财政资金预算都是在实施阶段分年度批复。

（二）批复的部门不同

项目概算和投资计划一般由发改部门批复，财政资金预算由财政部门批复。

（三）编制的基础不同

项目概算主要以项目设计工程量和概算定额为基础编制，投资计划主要以概算、年度实施内容为基础编制，财政资金预算主要以概算、年度资金需求、上年度资金结转结余等为基础编制。

第二节　非经营性项目资金预算管理

一、项目资金预算编制

（一）预算编制流程

预算按照“二上二下”的流程编制，具体如下：

（1）预算编制准备阶段。主要按照财政部门的要求开展水利基本建设项目清理和提前储备。

（2）“一上”阶段。从项目建设单位开始编制年度预算建议，项目建设单位是预算单位的，直接报送；不是预算单位的，由主管部门代编。逐级审核汇总，形成年度预算建议方案报送财政部门。项目建设单位编制项目预算应当以批准的概算为基础，按照项目实际建设资金需求编制，分解项目各年度预算和财政资金预算需求，并控制在批准的概算总投资规模、范围和标准以内。项目财政资金预算建议数根据项目概算、建设工期、年度投资

和自筹资金计划、以前年度项目各类资金结转情况等提出。

(3)"一下"阶段。财政部门对报送的年度预算建议进行审核，综合考虑财力可能，研究下达水利部门年度预算控制数，水利部门逐级分解下达年度预算控制数。

(4)"二上"阶段。水利部门根据财政部门下达的"一下"预算控制数下达控制数，项目建设单位在下达的控制数以内，按规定的预算科目、报表格式等汇总编制年度预算草案，涉及政府采购的，应当按照规定编制政府采购预算，在规定时间内报送水利部门。财政部门对水利部门报送的"二上"预算进行审核，汇编部门预算草案。

(5)"二下"阶段。在人民代表大会批准政府预算后，财政部门批复各部门预算，部门根据财政部门批复的预算，逐级批复所属单位项目预算。

(二)项目储备

项目主管部门要尽早布置、组织所属单位或项目建设单位开展以后年度预算项目储备工作提前启动项目论证、立项、审核评审和申报入库等工作。向国家相关部门申报的水利基本建设项目，应当事先储备纳入部门项目库，并按规定申报纳入预算项目库，未按规定入库的项目不得纳入预算安排。

二、项目资金预算执行

项目建设单位应当严格执行项目财政资金预算，严格按照预算批复的功能分类科目、用款计划、项目进度、有关合同和规定程序做好项目支出预算执行工作，涉及政府采购的应严格执行政府采购有关规定。硬化预算约束，一般不追加当年项目预算支出。加强预算执行监管，提高预算资金使用的规范性、安全性和有效性。

三、预算执行内部监督

项目建设单位应加强预算执行的审核和执行管理，一是做实做细项目储备，要根据项目审批情况，做好新增项目储备，为后续申请和编制项目预算做好准备。二是加强项目跟踪管理，推动规范项目立项和编报，做好项目预算执行监控，对项目实施情况开展评估和绩效评价。三是加强项目决算审核，发现问题及时督促整改。

四、项目资金预算调整

对发生停建、缓建、迁移、合并、分立、重大设计变更等变动事项和其他特殊情况确需调整的项目，项目建设单位应当按照规定程序报项目主管部门审核后，向财政部门申请调整项目财政资金预算。

项目主管部门应当按照预算管理规定，督促和指导项目建设单位做好项目财政资金预算编制、执行和调整，严格审核项目财政资金预算、细化预算和预算调整的申请，及时掌握项目预算执行动态，跟踪分析项目进度，按照要求向财政部门报送执行情况。

第三节 经营性项目资金预算管理

经营性水利基本建设项目申请资本金注入、财政补助或补贴资金、归还财政负责归还贷款的，需按照非经营性水利基本建设项目申请财政资金预算的流程和要求进行申报。

除申请财政资金外，经营性水利基本建设项目需要根据项目总投资确定其他资金的筹资方式、筹资数额，做好其他筹资的预算，以确定最优的筹资方案。

一、筹集资金的方式

资金筹集方式有负债筹资和权益筹资，负债筹资是通过负债方式，如借入银行贷款、发行债券等来实现筹集资金的融资形式，权益筹资是通过扩大企业的所有权益，如吸引新的投资者，发行新股，追加投资等来实现。项目建设单位可根据项目情况选择不同的筹资方式。

（一）负债筹资和权益筹资

负债筹资资本成本低，利息可抵税，投资人风险小，要求回报低。权益筹资资本成本高，股利不能抵税；股票投资人风险大，要求回报高。

（二）普通股和优先股

普通股不需要偿还本金，没有固定的利息负担，财务风险低。但资金成本较高，公司的控制权容易分散。优先股没有还本的压力，不会分散企业的控制权。但资金成本比负债资金的资金成本高，固定的股利支付会给企业很大的压力。

银行借款和发行债券。银行借款利息率低，筹资费低，手续比发行债券简单。债券融资资金成本高。筹资速度慢。但筹资对象广，范围大。

二、做好筹资预算管理

影响筹资预算管理的因素主要有：项目投资额，建成后年运行成本，年度能够获得的收益，投资者投入的资本金和要求的投资回报率，银行贷款数额、期限和利率等。

（一）项目投资额

我国经营性水利基本建设项目大多既有防洪除涝等公益性任务，又有供水、发电等经营性功能，可采用替代方案费用比例分摊等方法，将项目投资额在公益性部分和经营性部分进行合理划分。

（二）建成后年运行成本

包括工资、福利费、材料、燃料、动力费、维护费和其他费用，对各项费用进行测算，可以计算出年运行成本。年运行成本可采用项目投资额分摊的办法进行分摊。

（三）年度能够获得的收益

据供水和发电情况测算未来数年的收益情况，收益跟水价、上网电价以及供水量、发电量密切相关。

1. 水价确定方法

（1）参考现行市场供水价格并考虑水资源开发利用状况预测的水价。

（2）原水成本水价、成本利润水价。

（3）用户可承受的水价。

（4）价格主管部门和国家有关部门核定批准的水价。

（5）供水、受水双方商定的水价。

2. 电价确定方法

（1）参考现行平均上网电价并考虑电力市场变化因素预测的电价。

（2）本地区其他水电站近期批准或协议的上网电价。

(3) 用户可承受的电价。

(4) 按满足发电成本并考虑盈利要求测算的上网电价。

(5) 电力部门同意接纳的电价。

(6) 价格主管部门核准的电价或政策性电价。

(四) 投资者投入的资本金和要求的投资回报率

根据项目资本金来源、筹措条件及投资者的要求，合理确定国家资本金和其他投资者资本金的比例与额度。额度确定后，可在不同阶段对不同投资者投入的资本金拟定不同的投资回报率方案。

(五) 银行贷款数额、期限和利率

根据项目收益等情况分析确定合理的贷款额度、年限，与银行商定贷款利率、贷款年限和还款方式等，在此基础上计算贷款额度和建设期利息。建设期利息计入项目总投资。

在上述因素确定的情况下，筹资预算方案基本就能确定。在项目总投资一定的情况下，如果业主筹集的资本金比例较少，就需加大贷款额度，从而增加项目建成运行后的成本和还贷压力；如果业主筹集的资本金比例较大，贷款额度可以减少，从而减轻项目建成运行后的成本和还贷压力。因此，经营性项目在前期论证和决策阶段就必须重视项目能承担的贷款能力，通过调整和改善投资结构，使经营性项目能实现自身的良性循环。

第四节　案　　例

一、概算批复

根据批复，C水库工程初步设计批复动态总投资986,960万元，其中：静态总投资982,018万元和建设期融资利息4,942万元。静态总投资982,018万元，包括：枢纽工程部分静态总投资147,250万元和移民环境水保工程部分静态总投资834,768万元。

工程概算批复汇总情况见表4-1。

表4-1　C水库工程初步设计概算核定表　单位：万元

编号	工程或费用名称	核定投资	编号	工程或费用名称	核定投资
Ⅰ	枢纽工程部分		三	供电线路工程	105
	第一部分　建筑工程	92,771	四	房屋建筑工程	2,835
一	主体建筑工程	85,760	五	其他建筑工程	2,982
(一)	土石坝工程	35,130		第二部分　机电设备及安装	5,221
(二)	重力坝段工程	34,542	一	发电设备及安装工程	1,867
(三)	副坝工程	494	二	升变压设备及安装工程	145
(四)	南灌溉洞工程	72	三	公用设备及安装工程	3,209
(五)	北岸灌溉洞工程	1,418		第三部分　金属结构及安装	4,463
(六)	水电站工程	1,197	一	溢流坝金属结构	3,110
(七)	主材补差	12,907	二	泄洪底孔金属结构	632
二	交通工程	1,089	三	北灌溉洞金属结构	116

续表

编号	工程或费用名称	核定投资	编号	工程或费用名称	核定投资
四	电站金属结构	332	四	其他	532
五	南灌溉洞金属结构	113		一至五部分合计	138,915
六	压力钢管制作及安装	160		基本预备费6%	8,335
	第四部分　临时工程	15,831		静态投资	147,250
一	导流围堰工程	6,896	Ⅱ	移民环境水保工程部分	
二	施工交通工程	3,093	一	建设征地移民补偿投资	829,484
三	施工供电工程	903	二	环境保护工程	3,169
四	房屋建筑工程	1,186	三	水土保持工程	2,115
五	其他施工临时工程	3,753		静态投资	834,768
	第五部分　独立费用	20,629	Ⅲ	工程总投资合计（Ⅰ＋Ⅱ）	
一	建设管理费	6,677		静态总投资	982,018
二	生产准备费	612		建设期融资利息	4,942
三	科研勘测设计费	12,808		动态总投资	986,960

二、投资计划下达与支出预算下达

（一）投资计划下达情况

2019年3月，相关部门以《关于H省C水库工程工程初步设计的批复》，核定C水库工程动态总投资986,960万元。包括：静态总投资982,018万元和建设期融资利息4,942万元。其中静态总投资982,018万元包括：中央投资503,840万元、省级投资318,378万元、市级投资120,000万元、银行贷款39,800万元。

截至2022年12月31日，投资计划已全部下达。共下达投资计划982,018万元，其中中央投资503,840万元、省级投资318,378万元、市级投资120,000万元、银行贷款39,800万元。投资计划下达情况见表4－2。

表4－2　投资计划下达情况表　　单位：万元

年度	批文号	资金性质							备注
		中央预算内投资	省基建投资	省财政专项投资	省水利基金	市级财政资金	银行贷款	合计	
2019	××发改投资（2019）××号	10,000	2,670	16,730	5,600			35,000	
2019	××发改投资（2019）××号	120,000	16,000	126,000	8,000			270,000	
2020	××发改投资（2020）××号	220,000				120,000		340,000	
2020	××发改投资（2020）××号	140,000		120,000				260,000	
2021	××发改投资（2021）××号	12,000		23,000				35,000	
2021	××发改投资（2021）××号	1,840		378				2,218	
2021							39,800	39,800	
合计		503,840	18,670	286,108	13,600	120,000	39,800	982,018	

（二）基本建设支出预算下达情况

截至2022年12月31日，累计下达C水库工程基本建设支出预算982,018万元，其中：中央预算内投资503,840万元，省级预算内投资318,378万元，市级财政资金120,000万元，银行贷款39,800万元。具体情况见表4-3。

表4-3　　基本建设支出预算下达明细表　　单位：万元

年度	批文号	资金性质							备注
		中央预算内投资	省基建投资	省财政专项投资	省水利基金	市级财政资金	银行贷款	合计	
2019	××水计（2019）××号等7份批文		2,670		3,600			6,270	
2019	××水财（2019）××号等3份批文	10,000			2,000			12,000	
2019	××水财（2019）××号等5份批文	120,000	16,000	111,000	8,000	120,000		375,000	
2020	××水财（2020）××号等4份批文	220,000		66,197				286,197	
2020	××水财（2020）××号等2份批文	140,000		42,389				182,389	
2021	××水财（2021）××号等3份批文	12,000	7,730	58,792				78,522	
2021	××水财（2021）××号	1,840						1,840	
2021							39,800	39,800	
合计		503,840	26,400	278,378	13,600	120,000	39,800	982,018	

三、资金到位情况

截至2022年12月31日，C水库工程累计到位资金982,018万元，财政资金942,218万元，自筹资金39,800万元。其中：中央预算内资金503,840万元，H省财政资金318,378万元（省基建投资26,400万元、省财政专项投资278,378万元、省水利基金13,600万元），市级财政资金120,000万元，银行贷款39,800万元。

第五节　常见问题和风险防控

一、常见问题

项目资金预算管理常见问题如下：

（1）项目资金预算未以批准的概算为基础，未按照项目实际建设资金需求编制。

（2）重大设计变更未申请预算调整。

（3）涉及政府采购的，未按照规定编制政府采购预算。

二、风险防控

（一）关键控制点

项目资金预算管理的关键控制点包括预算编制、预算执行和预算调整。

（1）预算编制。《预算法》规定，各级政府、各部门、各单位应当依照本法规定，将所有政府收入全部列入预算，不得隐瞒、少列。但水利建设项目纳入预算编制的要求较晚，部分项目应纳入预算但未纳入预算，动用以前年度结转结余资金未纳入预算。

（2）预算执行。《基本建设财务规则》规定，财政部门应当加强财政资金预算审核和执行管理，严格预算约束。项目财政资金未按预算要求执行的，按照有关规定调减或者收回。项目建设单位未按批准的预算执行的，可能造成预算被调减和收回的风险。

（3）预算调整。《基本建设财务规则》规定，项目建设单位应当严格执行项目财政资金预算。对发生停建、缓建、迁移、合并、分立、重大设计变更等变动事项和其他特殊情况确需调整的项目，项目建设单位应当按照规定程序报项目主管部门审核后，向财政部门申请调整项目财政资金预算。

（二）防控措施

（1）项目资金预算应以批准的概算为基础，按照项目实际建设资金需求编制，并控制在批准的概算总投资规模、范围和标准以内。

（2）按规定流程与格式申报预算和政府采购预算项目。

（3）依规确定资金来源，不符合有关规定的，应当要求限期归还原资金渠道；资金不落实或者年度投资未按规定到位的，应当建议有关方面解决。

（4）对发生停建、缓建、迁移、合并、分立、重大设计变更等变动事项和其他特殊情况确需调整预算的，及时按要求申请调整项目财政资金预算。

第五章　水利基本建设项目合同财务管理

第一节　项目合同概述

一、合同定义

合同是民事主体之间设立、变更、终止民事法律关系的协议。建设工程合同是承包人进行工程建设、发包人支付价款的合同。

水利基本建设项目合同是各相关方之间为完成约定任务而签订的，明确相互权利、义务关系和工作关系的文件。在水利基本建设项目建设过程中需要签订并实施多种形式的合同，主要类型有：

（一）按工程项目合同内容划分

（1）勘测合同。是指发包人与工程勘测承包人签订的合同。

（2）设计合同。是指发包人与工程设计承包人签订的合同。

（3）施工合同。是指人与工程施工承包人签订的合同。

（4）设备采购及安装合同。是指发包人与设备供应及设备安装承包人签订的合同。

（5）招标代理合同。是指发包人与工程招标任务承包人签订的合同。

（6）监理合同。是指发包人与工程监理承包人签订的合同。

（7）咨询合同。是指发包人与提供咨询服务承包人签订的合同。

（8）保险合同。是指发包人与提供保险服务承包人签订的合同。

（9）担保合同。是指发包人与提供担保服务承包人签订的合同。

（10）房屋、设备等租赁合同。是指发包人与提供房屋、设备服务承包人签订的合同。

（二）按承包方式划分

（1）工程总承包合同。是指发包人将建设工程的勘测、设计、施工等工程建设的全部任务一并发包给一个具有总承包资质条件的承包人签订的合同。总承包人承担工程项目的勘测、设计、采购、施工、试运行服务等工作，并对其质量、安全、工期、造价全面负责，是我国目前推行工程总承包模式最主要的一种。

（2）工程承包合同。是指发包人将工程的勘测、设计、建筑安装任务分别与勘测人、设计人、施工人签订的勘测、设计、施工承包合同。

（3）分包合同。是指总承包人或勘察人、设计人、施工人经发包人同意，将承包工程的一部分发包给第三人的合同。

分包合同又分为：专业分包合同、劳务分包合同。

1）专业分包合同。是指施工总承包人将其所承包工程中的专业工程发包给具有相应资质的专业承包人签订的合同。

2）劳务分包合同。是指施工总承包人或者专业承包人将其承包工程中的劳务作业发包给具有相应资质的劳务分包人签订的合同。

（三）按承包工程计价方式划分

（1）总价合同。是指根据规定的施工内容给付明确款额的合同。总价合同也称作总价包干合同，即根据施工招标时的要求和条件，当施工内容和有关条件不发生变化时，发包人付给承包人的价款总额就不发生变化。

（2）单价合同。是指约定以工程量清单及综合单价给付价款的合同。发承包双方以工程量清单及综合单价进行合同价款计算、调整和确认。单价合同是目前大中型水利建设施工合同类型中最主要的一类合同。

（3）成本加酬金合同。是指由发包人向承包人支付工程项目的实际成本，并按照事先约定的某一种方式支付酬金的合同。

二、项目合同特点

（一）合同管理期长

水利基本建设项目作为关系国计民生的基础性设施，一般规模较大，其中大型水利工程往往涉及土地征用及移民安置等大量工作，同时，受天气、地质等外部环境影响，建设周期较长，从招投标开始，到合同签订、合同执行与结算，再到合同工程完工验收，合同管理期需要跨越多个年度。

（二）合同金额高

水利基本建设项目，特别是新建工程，征地补偿和移民安置资金数额巨大，工程建设周期长，投资大，相应合同金额也高。

（三）合同管理工作复杂

由于工程建设内容复杂，技术标准和质量要求高，合同管理的要求也高，管理难度较大，大型水利工程建设机构一般均设置专门的合同管理部门牵头负责合同的日常管理工作。

（四）合同风险较大

水利工程建设期间受内外部环境变化的影响，特别是水文、地质和气象变化等对工程建设影响较大，跨年度工程还会受到物价上涨等经济因素影响，导致合同履行面临一定的违约、索赔等风险，合同风险较大。

第二节　项目合同的管理

合同管理涉及面广，业务复杂，需要项目建设单位的多个部门乃至多家参建单位共同配合完成。大型水利基本建设项目单位一般都设置专门的合同管理部门，归口管理项目建设过程中的所有合同，财务部门按照规定做好职责内的合同管理工作。

一、合同订立阶段

财务部门主要是参与合同会签审核。合同会签，是单位合同法律风险防控的一项有效措施，即根据单位制定的合同会签流程，由单位业务部门、法务部门（法律顾问）、合同管理部门、财务部门、审计部门等，从各部门职责出发，逐一审查依法已签或待签的合同。财务部门重点对合同中涉及资金支付和可能对建设成本产生直接或间接影响的条款进行审查与核对，主要包括：

（1）审核合同条款与招标文件、中标通知书的一致性，防止签订“阴阳合同”。

（2）合同签订过程是否完整、手续是否齐全。

（3）合同的基本内容是否完整、规范，合同条款是否符合经济法规等国家规定要求，合同中责任和奖罚是否明确。

（4）合同中是否约定了预付工程款比例金额和抵扣条件、履约保证金（保函）的提交和退还条件、质量保证金预留和退还条件、违约金缴纳和税金结算等条款。

（5）合同价款的计算是否准确，合同进度款支付比例是否明确，合同进度款申请、审核、支付程序和结算方式的约定是否明确。

（6）设计变更价款申报与结算、材料价差调整与结算是否明确。

（7）合同工程款专款专用、合同工程款专用账户、农民工工资专用账户开设要求是否明确。

（8）对挪用转移合同款及违规使用农民工工资的行为处罚措施是否明确。

（9）合同完工结算（决算）的责任义务是否明确。

需要通过招投标或者政府采购程序签订合同的，财务人员应参与招投标过程或政府采购过程工作，重点是：参与资格审查，重点了解投标方经济财务指标情况，审核招标文件中的合同价款、履约保证金（保函）、预付款及进度款支付等条款。

二、合同执行阶段

按照合同约定，核查履约保证金（保函），做好合同的价款结算，按约定支付合同款，建立合同执行台账，定期核对合同款支付、预付款扣回等情况。

（一）履约保证金（保函）

支付合同首付款（预付款）时，核查合同中是否有履约保证金（保函）条款，与招标文件约定是否一致。如果有相关合同条款，要核对履约保证金有没有按约定数额转至约定账户，或提供履约保函及其格式是否符合招标文件要求。

（二）合同款结算

合同款结算是合同执行的重要环节，按照合同的具体要求和合同款支付流程规定，做好合同款的财务结算工作。

在合同款结算环节，出现下列情形的业务，财务部门有权拒绝付款：

（1）未按合同协议条款履约的。

（2）应签订书面合同协议而未签订的。

（3）未通过验收的合同。

（4）结算发票、收据上的收款单位名称、印章、实际收款账户开户名称、开户行及账号与合同对方名称、合同约定的开户名称、开户行及账号不一致的。

（5）其他不符合规定的事项。

（三）建立合同执行台账

合同管理部门应及时将合同的原件（副本）交财务部门管理。财务部门根据合同类别进行分类保管和记录，做好合同目录和台账的更新。财务部门应按要求建立合同台账，逐笔登记合同自签订、执行、变更至终止所发生的各项经济业务。同时，有条件的单位，应搭建信息化管理平台，加强合同的信息化管理，精准掌握合同管理的全过程信息。

三、合同变更管理

如果发生合同变更或解除，由合同管理部门会同业务部门等相关职能部门，依照合同订立流程，负责合同变更或解除的审核。财务审核侧重于对合同中涉及财务条款的审查与核对，重点关注以下几点：

（1）把握合同价调整的原则。如，总价包干合同，原则上价格、量的风险均由承包人承担，考虑清单量调整价差。

（2）审核合同价调整的内容。调整合同价差一般只调材料费，最终调价由合同双方协商确定。

（3）关注索赔条款。合同变更后有可能使一方因变更遭受损失，受损方是否要求赔偿损失，合同变更或解除，不影响当事人要求赔偿损失的权利。

变更或解除合同，应当采取书面形式，按原合同订立流程审签后签章生效。变更或解除合同的文本，应作为原合同的组成部分，合同变更后，合同编号不予改变。

四、合同验收管理

基本建设项目合同类别多，要按照不同类别的合同，确定是否需要进行合同验收。如工程承包类合同，按基本建设项目管理要求已开展合同工程完工验收的，可以完工验收代替合同验收。

需要进行合同验收的，合同约定事项完成后要及时组织验收，财务部门要参与合同验收。未经验收或验收不合格的合同，不得进行结算和支付后续合同款。合同验收主要内容：检查合同工作内容完成情况和完成的主要工作量；检查合同成果是否符合有关法律法规以及行业标准，是否符合合同约定的技术、经济等指标要求。检查合同结算情况；对验收中发现的问题提出处理意见等。

有下列情况之一，不予通过验收：

（1）完成内容和技术指标与合同约定有较大差距。

（2）验收意见不统一，验收组成员中同意通过验收的人数没有达到三分之二以上。

（3）提供虚假验收资料等。

第三节　案　　例

【案例 5-1】　合同基本情况

C 水库工程建设过程中，共签订各类合同 180 余份，其中施工合同 12 份，设备采购合同 6 份、监理合同 6 份、勘测设计合同 4 份、水土保持合同 1 份、环境保护合同 1 份、咨询及技术合同 8 份、保险合同 1 份、其他类合同 131 份，在建设过程所签合同得到有效执行，并已完成结算。

本部分案例介绍以 H 省 C 水库工程施工 2 标段为例。

C水库建管局为实施H省C水库工程施工2标段，通过公开招标的方式确定，接受H省水利建筑工程公司对H省C水库工程施工2标段的投标，并确定其为中标人。双方达成共同协议，签订H省C水库工程施工2标段施工合同，合同编号为CSDSK－SG－02。

合同主要条款如下：

（1）签约合同总价为482,269,686元人民币。

（2）履约保函：合同约定承包人应保证其履约担保在发包人颁发合同工程完工证书前一直有效。发包人应在合同工程完工证书颁发后28天内将履约担保退还给承包人。项目建设单位要对履约保函的有效期进行审查，工期延长要重新办理履约保函。

（3）预付款：合同约定工程预付款的总金额为签约合同价的10％，分2次支付给承包人。

（4）质量保证金：履约保函到期后未开具延期保函，项目建设单位按照工程价款结算总额的3％的要求，在办理工程价款结算时预留保证金。

（5）价款结算：合同约定，承包人按照提出的价款结算申请，进行价款结算。

【案例5－2】 合同签订

（1）计划合同科拟定合同，工程技术科拟订技术附件。

（2）计划合同科组织工程技术科、财务科会签。

（3）C水库建管局分管局长签字。

（4）C水库建管局局长签字。

具体流程如图5－1所示。

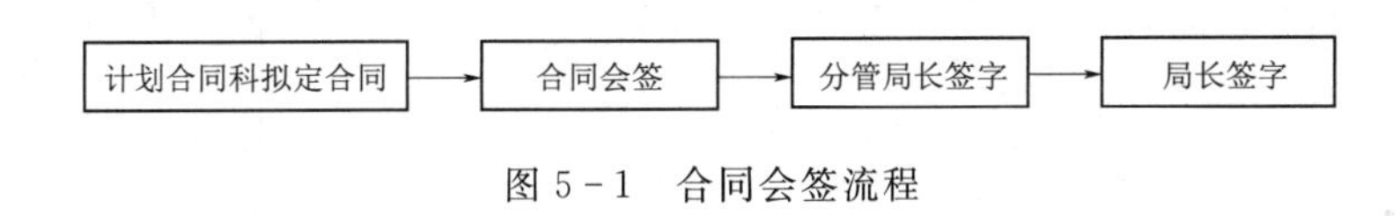

图5－1 合同会签流程

【案例5－3】 合同执行

在合同执行方面，C水库建管局实施合同金额实时控制，此处以施工2标为例。

1. 施工2标段的基本情况

略。

2. 合同执行的风险控制措施

在合同执行方面，C水库建管局严格执行国家相关法律法规，为明确合同签订、履行和监督检查的职责、权限及程序，C水库建管局先后制定了涉及合同管理类包括《工程合同签订程序》《工程合同管理制度》《工程设计变更程序》和《工程价款结算程序》等10余种管理制度，建立了较为完善的合同管理体系，规范了合同立项、谈判、签订、备案、履行、变更、争议解决、验收、存档等行为，把合同管理作为项目管理的重要抓手，渗透到设计、施工、监理等各个方面；加强合同执行的动态管理，对合同额较大的项目，组织有关法律、合同、经济、技术等方面专家对合同条件、合同谈判、合同签订和合同执行进行全过程审查，审慎处理合同变更和索赔，有效控制工程投资。

在合同价款结算中，计划合同科采取了一系列控制措施：①加强合同印章管理；②加强工程现场签证管理；③加强工程量变更审核。

3. 合同执行金额实时控制举例

（1）财务科建立施工2标段合同概算金额与合同实际结算金额的勾稽关系表格，具体见表5-1。

（2）财务科实时监控合同实际结算金额与合同概算项目金额之间的超支和节约情况，并参与分析超支和节约的具体原因。

（3）财务科会同各个部门对超支和节约的具体原因情况进行通报，并协助各个部门采取相关控制措施。

以表5-1为例，施工2标段以合同价×（1＋5%）作为每项工程项目对应的概算金额，那么依照各工程项目对应的概算科目相加和，则为该概算科目的总概算，原则上结算价款总额不能超出概算总额。从表5-1可以看出，施工2标段合同包含3个工程项目，第一个项目是土坝，总计有2个合同，结算均未超支；第二个项目为混凝土坝，其包含5个坝段，连接坝段有2个合同，其中1个合同结算超支，表孔坝段有2个合同，结算均未超支，底孔坝段有2个合同，其中1个合同结算超支，电站坝段有2个合同，结算均未超支，右岸非溢流坝段有1个合同且结算超支。但从整体来看，混凝土坝项目结算并未超支；第三个项目为南副坝，总计有2个合同，有1个合同超支，但总体结算并未超支。3个工程项目的总结算金额并未超过概算金额。

表5-1　　C水库工程施工2标段合同概算对比表

合同编号：CSDSK-SG-02　　　　工程名称：H省C水库工程施工2标段

序号	概算科目	概算金额/元	工程项目或费用名称	合同价款				实际结算	超支情况	
				单位	工程量	单价/元	合同价/元	累计结算/元	是否超支	超支额/元
1.1		2,669,568.3	土坝（2＋700～3＋271）				2,542,446	1,206,313.15	否	－1,336,133
1.1.1	土石方工程	1,667,390.571	土坝土方开挖（含坝基清理及与刺墙接触段淤泥质软土以上挖除）	m^3	147,309	10.78	1,587,991	1,206,313.15	否	－381,678
1.1.2	土石方工程	1,002,177.656	导流明渠段开挖（包括坝基清理）	m^3	140,983	6.77	954,455	0	否	－954,455
1.2		8,295,722.4	混凝土坝				7,900,688	4,741,027.65	否	－3,159,660
1.2.1		627,313.05	连接坝段				597,441	1,391,088.42	是	793,647
1.2.1.1	土坝、混凝土坝连接段工程	405,811.5285	土方开挖（级配不良砂）	m^3	34,477	11.21	386,487	1,286,620.13	是	900,133
1.2.1.2	土坝、混凝土坝连接段工程	221,501.553	砾石开挖（级配良好）	m^3	17,263	12.22	210,954	104,468.29	否	－106,486
1.2.2		4,059,842.85	表孔坝段	m^3			3,866,517	1,442,194.95	否	－2,424,322
1.2.2.1	溢流坝表孔坝段工程	2,834,484.534	土方开挖（级配不良砂）	m^3	232,116	11.63	2,699,509	992,489.9	否	－1,707,019

续表

序号	概算科目	概算金额/元	工程项目或费用名称	合同价款				实际结算	超支情况	
				单位	工程量	单价/元	合同价/元	累计结算/元	是否超支	超支额/元
1.2.2.2	溢流坝表孔坝段工程	1,225,358.778	砾石开挖（级配良好）	m^3	92,108	12.67	1,167,008	449,705.05	否	−717,303
1.2.3		900,451.65	底孔坝段				857,573	690,204.82	否	−167,368
1.2.3.1	底孔坝段	628,556.565	土方开挖（级配不良砂）	m^3	54,470	10.99	598,625	605,231.28	是	6,606
1.2.3.2	底孔坝段	271,895.085	砾石开挖（级配良好）	m^3	21,615	11.98	258,948	84,973.54	否	−173,974
1.2.4		2,650,867.8	电站坝段				2,524,636	590,550.95	否	−1,934,085
1.2.4.1	电站坝段工程	815,861.8335	土方开挖（级配不良砂）	m^3	73,511	10.57	777,011	542,925.94	否	−234,085
1.2.4.2	电站坝段工程	1,835,006.418	砾石开挖（级配良好）	m^3	151,572	11.53	1,747,625	47,625.01	否	−1,700,000
1.2.5		57,247.05	右岸非溢流坝段				54,521	626,988.51	是	572,468
1.2.5.1	右岸非溢流坝段工程	57,247.4595	土方开挖（级配不良砂）	m^3	4,961	10.99	54,521	626,988.51	是	572,467
1.3		1,130,899.35	南副坝				1,077,047	469,997.18	否	−607,050
1.3.1	南副坝	144,571.3185	清基	m^3	12,737	10.81	137,687	469,997.18	是	332,310
1.3.2	南副坝	986,328.252	坝前弃渣开挖整理	m^3	96,642	9.72	939,360	0	否	−939,360
合计（汇入工程项目总价表）		12,096,190.05					11,520,181	6,417,337.98	否	−5,102,843

【案例5－4】　合同变更

（一）合同变更基本情况

2020年1月，混凝土坝段6号～8号坝段坝基基坑已开挖至设计高程65m附近时，发现F34及其次生断层倾角较缓，断层破碎带结构类型为泥夹岩屑结构，且与f4陡倾角断层组合切割，在7号、8号坝基形成楔形块体，对坝基稳定不利。为此，设计单位编制完成《H省C水库工程混凝土坝段坝基F30、F34断层处理设计变更报告》并报送审查单位审查。2020年6月，审查单位审查通过了该设计变更报告的全开挖处理方案。2020年，相关部门批复了该设计变更报告。

（二）合同变更具体流程

在施工过程中如果发生设计变更，将对施工进度产生很大的影响。因此，应尽量减少设计变更，如果必须对设计进行变更，必须严格按照国家的规定和合同约定的程序进行。设计变更的程序如下：

（1）发包人对原设计进行变更。

（2）承包人落实对原设计进行变更。

（3）设计变更事项。能构成设计变更的事项包括：

1）更改有关部分的标高、基线、位置和尺寸；

2）增减合同中约定的工程量；

3）改变有关工程的施工时间和顺序；

4）其他有关工程变更需要的附加工作。

根据上述程序流程，F30、F34断层处理案例中的变更报告已按照规定流程得到相关部门批复文件。

第四节　常见问题和风险防控

一、常见问题

（一）合同内容约定不完整

合同中约定了金额、付款方式、主要施工内容、工期、材料等，但未约定具体建设质量标准、质量保证期等内容。

（二）未建立合同管理台账或台账内容不完整

合同管理部门未会同计划管理、建设管理、财务管理质量安全管理等部门建立合同管理明细台账，或虽建立台账，但台账内容简单，不能满足全过程管理要求。

（三）重复收取保证金

在工程项目竣工前，已经缴纳履约保证金的，发包人同时预留工程质量保证金。采用工程质量保证担保、工程质量保险等其他保证方式的，发包人再预留保证金。

二、风险防控

财务部门参与合同的全过程管理，重点对合同谈判、合同执行、合同结算等主要环节进行控制。

（一）合同订立时的风险防控

合同订立应当按照步骤逐项开展，具体包含合同调查、合同谈判、合同文本拟订、合同审核签署，并采取以下控制措施：

1. 合同调查

选择满足调查需求的技术、法律和财务等人员组成调查组，辨识对方主体资格、履约能力和信用情况等。

2. 合同谈判

选择满足谈判需求的人员组成谈判组，合理磋商合同内容与条款，明确双方的权利、义务和责任。

3. 合同文本拟订

根据谈判内容，参考标准的合同范本，严谨准确地制定合同内容，明确合同订立的范围和条件。

4. 合同审核签署

合同文本拟定完成后，应经专业人员进行审核确认，再由审批人员签署审批，审批权限在规定范围之内，审核审批流程完整，合同印章管理得当。

财务部门应当关注的是合同谈判和合同文本拟订中存在关键风险点，站在财务专业的视野和角度，提出合理建议，减少合同文本的漏洞，降低合同签订环节中可能发生的风险。

（二）合同履行时的风险防控

单位应当对合同履行情况实施有效监控。合同履行过程中，因对方或单位自身原因导致可能无法按时履行的，应当及时采取应对措施。

合同管理部门必须对合同的履行过程进行全程动态跟踪管理。承办部门应随时了解和掌握本部门合同的履行情况，识别并降低合同履行风险，因对方或自身原因导致可能无法按时履行的，应当及时采取应对措施，将可能发生的损失降到最低。

财务部门应当重点关注合同履行过程中的经济风险，积极协助业务部门进行全程动态跟踪管理。按照法律法规要求和合同明确的结算条件，办理价款结算并防控以下风险：

1. 严格合同价款结算审批程序审查

合同价款结算审批程序要做到规范、完整，必须满足合同管理内部控制流程要求，有效防控结算风险，严格按照合同支付规定条款进行价款结算。

2. 防止超合同约定支付进度款

未按照合同条款履约的，财会部门应当及时提出问题，分析原因和措施，在付款之前及时向单位有关负责人汇报，并书面记录保存。

财务部门应当重点关注合同价款结算条件和支付审批流程的完整性，及时发现合同价款结算中越权审批、虚假工作进度等不当行为，管控合同价款结算风险。

（三）合同变更时的风险防控

对合同履行中的变更或解除合同，应当按照国家有关规定进行审查。具体防控措施：

1. 合同补充和变更的事前审批

确定合同变更事项合理后，报相关审批人同意，经合同双方协商达成一致，变更内容和条款应与变更行为保持一致，避免以合同变更为由，恶意变更合同事项。

2. 合同补充和变更审核流程的内部控制

合同补充和变更的审核流程要视同新合同签订审核流程，强化合同补充和变更的跟踪检查，健全责任追究措施。

财务部门应当重点关注涉及经济事项的合同补充和变更，审查合同补充和变更事项涉及金额变动的合理性，站在财务专业的视野和角度，提出合理建议，防范风险发生。

（四）合同验收时的风险防控

合同履行完毕后，需要进行合同验收的，合同承办部门应按有关规定进行验收，具体防控措施如下：

1. 验收组的把关

严格按照合同验收程序，指定专人或委托具有资质的专门机构进行合同验收，必要时可聘请技术专家参与验收，出具书面验收报告和验收证明。对不按照合同验收标的物的质量或数量进行验收，导致单位利益受损，追究验收组或相关机构责任。

2. 资料的保管

做好验收资料的归档保管，验收组对验收中发现的问题提出处理意见的，在验收后按要求进行处理，处理情况应有书面记录，并由相关责任人或责任单位代表签字，随同合同成果和验收报告等资料一并归档。

（五）建立合同风险防控内部管理制度

单位应当建立健全合同内部管理制度。单位应当合理设置岗位，明确合同的授权审批和签署权限，妥善保管和使用合同专用章，严禁未经授权擅自以单位名义对外签订合同，严禁违规签订担保、投资和借贷合同。单位应当对合同实施归口管理，建立财会部门与合同归口管理部门的沟通协调机制，实现合同管理与预算管理、收支管理相结合。具体如下：

1. 建立合同内部控制管理制度

单位应当按照标准流程，结合自身需求，设置适合本单位的合同管理流程，合理设置管理岗位，明确控制流程中各级授权审批和管理权责；制度建立需要围绕合同管理流程中控制环节和关键控制点，针对合同管理风险的防控，制定明确的控制措施。根据需要，针对流程中的合同谈判、合同审签、合同验收、监督管理等建立细化管理制度。

2. 建立项目管理沟通机制

由于多级审核审批的合同管理流程决定了合同的完成需要多部门共同协作完成，因此，单位应当对合同实施归口管理，同时建立合同归口管理部门和业务部门、财会部门的沟通协调机制，实现合同管理与业务管理、预算收支管理、档案管理等内容的相互结合。

3. 建立合同履行监督审查制度

单位合同管理部门必须对合同的履行过程进行全程动态跟踪管理，应随时了解和掌握合同的履行情况。

第六章　水利基本建设项目建设成本管理

第一节　建设成本概述

一、建设成本概念

水利基本建设项目建设成本是指按照批准的建设内容由项目建设资金安排的各项支出，包括建筑安装工程投资支出、设备投资支出、待摊投资支出和其他投资支出。

二、建设成本分类

（一）按项目建设成本分类

（1）建筑安装工程投资支出是指项目建设单位按照批准的建设内容发生的建筑工程和安装工程的实际成本。

（2）设备投资支出是指项目建设单位按照批准的建设内容发生的各种设备的实际成本。

（3）待摊投资支出是指项目建设单位按照批准的建设内容发生的，应当分摊计入相关资产价值的各项费用和税金支出。

（4）其他投资支出是指项目建设单位按照批准的建设内容发生的房屋购置支出，基本畜禽、林木等的购置、饲养、培育支出，办公生活用家具、器具购置支出，软件研发和不能计入设备投资的软件购置等支出。

（二）按计入和不计入交付使用资产价值的支出分类

（1）计入交付使用资产价值的支出主要为形成建设成本的建筑安装工程投资支出、设备投资支出、待摊投资支出和其他投资支出。

（2）不计入交付使用资产价值的支出包括不形成交付使用资产价值的待核销基建支出和转出投资支出。

1）转出投资是指非经营性项目为项目配套建设的专用设施，包括专用道路、专用通讯设施、专用电力设施、地下管道等，产权归属本单位的，计入交付使用资产价值；产权不归属本单位的，作为转出投资处理。

非经营性项目移民安置补偿中由项目建设单位负责建设并形成的实物资产，产权归属集体或者单位的，作为转出投资处理；产权归属移民的，作为待核销基建支出处理。

2）待核销基建支出是指非经营性项目发生的江河清障疏浚、航道整治、飞播造林、退耕还林（草）、封山（沙）育林（草）、水土保持、城市绿化、毁损道路修复、护坡及清理等不能形成资产的支出，以及项目未被批准、项目取消和项目报废前已发生的支出，作为待核销基建支出处理；形成资产产权归属本单位的，计入交付使用资产价值；形成资产产权不归属本单位的，作为转出投资处理。

非经营性项目发生的农村沼气工程、农村安全饮水工程、农村危房改造工程、游牧民定居工程、渔民上岸工程等涉及家庭或者个人的支出，形成资产产权归属家庭或者个人的，作为待核销基建支出处理；形成资产产权归属本单位的，计入交付使用资产价值；形成资产产权归属其他单位的，作为转出投资处理。

三、不得列入建设成本的支出

项目建设单位应当严格控制建设成本的范围、标准和支出责任，以下支出不得列入项目建设成本：

（1）超过批准建设内容发生的支出。

（2）不符合合同协议的支出。

（3）非法收费和摊派。

（4）无发票或者发票项目不全、无审批手续、无责任人员签字的支出。

（5）因设计单位、施工单位、供货单位等原因造成的工程报废等损失，以及未按照规定报经批准的损失。

（6）项目符合规定的验收条件之日起3个月后发生的支出。

（7）其他不属于本项目应当负担的支出。

第二节 建筑安装工程投资支出管理

建筑安装工程投资支出是指水利基本建设项目建设单位按照批准的建设内容发生的建筑工程和安装工程的实际成本，其中不包括被安装设备本身的价值，以及按照合同规定支付给施工单位的预付备料款和预付工程款。

确认建筑安装工程投资支出应注意以下几个问题：

（1）建设单位预付给承包商的工程款和备料款，作为往来款项处理，不得计入建筑安装工程投资支出，不得列入项目建设成本。

（2）由于自然灾害、管理不善、设计方案变更等原因造成工程报废所发生的扣除残值后的净损失。经批准后，应从建筑安装工程投资支出中转入待摊投资支出。

第三节 设备投资支出管理

设备投资支出是指项目建设单位按照批准的建设内容发生的各种设备的实际成本（不包括工程抵扣的增值税进项税额），包括需要安装设备、不需要安装设备和为生产准备的不够固定资产标准的工具、器具的实际成本。

需要安装设备是指必须将其整体或几个部位装配起来，安装在基础上或建筑物支架上才能使用的设备。不需要安装设备是指不必固定在一定位置或支架上就可以使用的设备。

计入设备投资支出应注意以下几个问题：

（1）不需要安装的设备和工具、器具计入设备投资支出。

（2）需安装设备必须具备以下三个条件，才能计入设备投资支出：

1）设备的基础和支架已经完成。

2）安装设备所需的图纸资料已经具备。

3）设备已经运到安装现场，验收完毕，吊装就位并继续安装。

（3）需安装设备的基础、支柱等所发生建筑安装费用不得计入设备投资支出，应计入建筑安装工程投资支出。

第四节　待摊投资支出管理

待摊投资支出是指项目建设单位按照批准的建设内容发生的，应当分摊计入相关资产价值的各项费用和税金支出。

一、前期工作经费管理

水利工程项目前期工作经费是指水利建设项目开工建设前进行项目规划、可行性研究报告、初步设计等前期工作所发生的费用。项目立项前的前期工作经费，由负责此项工作的项目主管部门或指定的责任单位，按照下达的年度投资计划和基本建设支出预算、批准的前期工作内容、工作进度进行支付。项目立项后的前期工作经费，由项目建设单位负责使用和管理，按勘察设计合同约定的条款支付。水利前期工作经费支出，应严格控制在下达的投资计划和批准的工作内容之内，严禁项目主管部门和建设单位截留、挪用和转移前期工作经费。

项目发生的前期工作经费，在项目批准建设后，列入项目建设成本。

构成前期工作经费的主体部分是科研勘察设计费，包括工程科学研究试验费和工程勘察设计费。

（一）工程科学研究试验费

指为保障工程质量，解决工程建设技术问题，而进行必要的科学研究试验所需的费用。

（二）工程勘察设计费

指工程从项目建议书开始至以后各设计阶段发生的勘测费、设计费和为勘测设计服务的常规科研试验费。

二、土地复垦及补偿等费用管理

项目概算批复的土地复垦及补偿费、森林植被恢复费、土地使用税、耕地占用税及其他为取得或租用土地使用权而发生的税费。依据地方财政、国土、林业部门下达的缴款通知书支付。当缴款通知书确定的应缴纳土地复垦及补偿等费用超过概算安排的规模和标准，应履行报批手续。

三、相关税费管理

（一）契税管理

在中华人民共和国境内转移土地、房屋权属，承受的单位和个人为契税的纳税人，应当依照规定缴纳契税。

（二）车船税管理

项目建设单位在建设期间使用的车船，应依法缴纳相关税费。

（三）印花税管理

在中华人民共和国境内书立应税凭证、进行证券交易的单位和个人，为印花税的纳税人，应当依照规定缴纳印花税。

项目在建设期间，涉及有关应缴纳的税费，项目建设单位应及时申报，按规定依法缴纳有关税费。

四、临时设施费、工程监理费及其他管理性质费用管理

（一）临时设施费管理

按照合同约定支付给施工企业的临时实施费用，以及建设单位自行施工的临时设施实际支出，临时设施费包括：临时设施的搭设、维修、拆除费或摊销费，以及施工期间专用公路养护费、维修费。

项目建设单位在对临时设施费进行管理和核算时应关注该项费用与建筑安装工程费用之间的区别与联系，两项费用在费用构成、结算方式、实物工作量等方面极其相似，区分的直接依据是工程建设完成后能否形成资产，即：建筑安装工程费用直接形成交付运行管理单位的资产，临时设施费无论规模多大，在工程建设过程中随着实施进度的不断推进将被主动拆除或平整，不会形成可以直接交付给运行管理单位的资产。

（二）工程监理费

工程监理费指在工程建设过程中聘任监理单位，对工程质量、进度、安全和投资进行监理所发生的全部费用。包括监理单位为保证监理工作正常开展而必须购置的交通工具、办公及生活设备、检验试验费、教育经费、办公费、差旅交通费、会议费、技术图书资料费、固定资产折旧费、零星固定资产购置费、低值易耗品摊销费、工具用具使用费、修理费、水电费、采暖费等。

（三）招标投标费

招标代理机构代理招投标业务的费用，招标代理服务收费不再实行政府指导价，收费标准按市场化原则由项目建设单位与招标代理机构协商并通过合同方式确定。招标代理服务费向招标人收取，也可由招标文件约定向中标人收取，收取方式也由招标代理合同确定，水利基本建设项目大多由中标人支付。

（四）社会中介机构审查费

项目建设单位通过公开招标择优选择社会中介机构对承包商的工程造价进行跟踪审计，依据签订合同应支付的社会中介机构审查费。社会中介机构审查费在项目建设管理费列支。

项目在建设期间，依据合同结算支付临时设施费、监理费、招标投标费、社会中介机构审查费。

五、借款利息等融资费用管理

项目建设期间发生的各类借款利息、债券利息、贷款评估费、国外借款手续费及承诺费、汇兑损益、债券发行费用及其他债务利息支出或融资费用属于项目应承担的借贷款利息及费用。依据借贷款协议列入项目建设成本。不属于项目应承担的贷款利息，财务管理人员要认真审核，严格把关，不得列入项目建设成本。

六、工程检测等费用管理

工程检测费、设备检验费、负荷联合试车费及其他检验检测类费用。依据签订的检测、检验协议支付，列入项目建设成本。

七、固定资产等损失管理

固定资产损失、器材处理亏损、设备盘亏及毁损、报废工程净损失及其他损失发生的费用。依据有关规定，履行报批手续，经有关部门批准后，列入项目建设成本。

项目单项工程报废损失，因设计单位、施工单位、供货单位等原因造成的单项工程报废损失，由责任单位承担。

八、系统集成等信息工程的费用支出管理

系统集成等信息工程的费用支出，指的是专门开发信息系统模块、管理等发生的支出，要区分于其他工程中的信息系统支出。

项目建设单位依据签订的协议和验收合格的系统集成等信息工程支付系统集成等信息工程的费用。

九、其他待摊投资性质支出管理

除上述各种待摊投资以外的其他应计入交付使用资产价值的其他待摊投资性质支出。

（1）项目在建设期间的建设资金存款利息收入冲减债务利息支出，利息收入超过利息支出的部分，冲减待摊投资总支出。

（2）项目建设管理费是指项目建设单位从项目筹建之日起至办理竣工财务决算之日止发生的管理性质的支出。包括：不在原单位发工资的工作人员工资及相关费用、办公费、办公场地租用费、差旅交通费、劳动保护费、工具用具使用费、固定资产使用费、招募生产工人费、技术图书资料费（含软件）、业务招待费、施工现场津贴、竣工验收费和其他管理性质开支。

项目建设单位应当严格执行《党政机关厉行节约反对浪费条例》，严格控制项目建设管理费。

（3）项目建设单位建设管理费实行总额控制，分年度据实列支。总额控制数以项目审批部门批准的项目总投资（经批准的动态投资，不含项目建设管理费）扣除土地征用、迁移补偿等为取得或租用土地使用权而发生的费用为基数分档计算。

建设地点分散、点多面广、建设工期长以及使用新技术、新工艺等的项目，项目建设管理费确需超过上述开支标准的，中央级项目，应当事前报项目主管部门审核批准，并报财政部备案，未经批准的，超标准发生的项目建设管理费由项目建设单位用自有资金弥补；地方级项目，由同级财政部门确定审核批准的要求和程序。

施工现场管理人员津贴标准比照当地财政部门制定的差旅费标准执行；一般不得发生业务招待费，确需列支的，项目业务招待费支出应当严格按照国家有关规定执行，并不得超过项目建设管理费的5%。

（4）使用财政资金的国有和国有控股企业的项目建设管理费，比照上述（3）的要求执行。国有和国有控股企业经营性项目的项目资本中，财政资金所占比例未超过50%的项目建设管理费可不执行相关规定。

（5）政府设立（或授权）、政府招标产生的代建制项目，代建管理费由同级财政部门根据代建内容和要求，按照不高于本规定项目建设管理费标准核定，计入项目建设成本。

（6）项目单项工程报废净损失计入待摊投资支出。

单项工程报废应当经有关部门或专业机构鉴定。非经营性项目以及使用财政资金所占比例超过项目资本50%的经营性项目，发生的单项工程报废经鉴定后，报项目竣工财务决算批复部门审核批准。

因设计单位、施工单位、供货单位等原因造成的单项工程报废损失，由责任单位承担。

第五节　其他投资支出管理

其他投资支出是指项目建设单位按照批准的项目建设内容发生的房屋购置支出，基本畜禽、林木等的购置、饲养、培育支出，办公生活用家具、器具购置支出，软件研发及不能计入设备投资的软件购置等支出。

其他投资支出是指不需要通过建筑安装工作即可形成交付使用的资产价值，包括以下五项内容：

（1）房屋购置，指建设单位购置在建设期间使用的办公用房屋和为生产使用部门购置的各种现成房屋。

（2）基本畜禽支出，指农林建设单位新建农场外购的大牲畜和各种禽类。基本畜禽支出一般包括基本畜禽购置费用和基本畜禽在移交生产单位前所发生的各种饲养费用。

（3）林木支出，指农林建设单位发生的各种经济林木的造林费用，一般包括征地、种植和幼林抚育等费用。

（4）办公生活用家具、器具购置费用。

（5）为可行性研究购置固定资产的费用。

第六节　案　　例

一、建设成本管理

2019年6月，相关部门以《关于H省C水库工程初步设计报告的批复》对C水库工程初步设计概算进行了核定，批复总投资986,960万元，竣工审计及竣工财务决算已完成，竣工决算审定完成投资981,638.87万元，各项投资严格控制在批复的总概算投资范围内。

本案例将以H省C水库工程施工2标段为例，进行成本控制分析。基本情况如下：

（1）计划工期与总金额。C水库工程施工2标段计划总工期40个月，成本共48,000万元。

（2）工程建设范围。C水库工程施工2标段建设范围为：主坝2＋700以右的建筑物工程，包括混凝土坝段（溢流坝段、底孔坝段、电站坝段、右岸非溢流坝段、连接坝段）、电站、南灌溉洞、基流放水洞、主坝2＋700～3＋271之间的土坝坝段（含主坝2＋700～3

＋271 坝段坝基挤密砂桩工程、主坝 2＋700～3＋290 坝段坝基混凝土防渗墙）、南副坝（2 号、3 号、4 号副坝）等。

（3）工程建设内容。C 水库工程施工 2 标段主要建设内容为：上述建筑物的建筑工程、金属结构及机电设备安装工程等。主坝 2＋700 以左的建筑物列为其他标段。

二、合同价款结算控制

（一）控制措施

针对 C 水库工程施工 2 标段每一个施工项目，进行合同价和累计结算金额对比。例如：

土坝土方开挖（含坝基清理及与刺墙接触段淤泥质软土以上挖除）合同价 15.88 万元，最终结算 12.06 万元。

砾石开挖（级配良好）合同价 21.10 万元，最终结算 10.44 万元。

（二）风险点控制

针对这方面，主要是合同管理，C 水库严格执行国家相关法律法规，为明确合同签订、履行和监督检查的职责、权限及程序，C 水库建管局先后制定了涉及合同管理类包括《工程合同签订程序》《工程合同管理制度》《工程设计变更程序》和《工程价款结算程序》等 10 余个管理制度，建立了完善的合同管理体系。

第七节　常见问题和风险防控

一、常见问题

（一）材料价格调整不符合合同条款

项目建设单位与某水电工程有限公司签订了泵站更新改造工程施工合同，专用合同条款约定：本工程合同实施期间原材料不进行调价。经项目建设单位、监理单位签证支付施工单位部分原材料价格调价增加投资 11.22 万元，列入项目成本。

不符合财政部《基本建设财务规则》第二十二条的规定：“项目建设单位应当严格控制建设成本的范围、标准和支出责任，以下支出不得列入项目建设成本：……（二）不符合合同协议的支出……”

（二）用项目资金支付罚款

某项目未经有权机关批准，擅自占用集体土地 5,378.92m^2 建设管理用房。某县国土资源局以某国土资源罚字〔2018〕第 72 号下达了行政处罚决定书，决定处罚 5.38 万元。项目建设单位用建设资金支付，列入项目建设成本。

不符合财政部《基本建设财务规则》第二十二条（七）的规定：“项目建设单位应当严格控制建设成本的范围、标准和支出责任，以下支出不得列入项目建设成本：……（七）其他不属于本项目应当负担的支出。”

（三）建设成本列支手续不完整

某项目已办理工程价款结算 10,510.62 万元中有 6,710.62 万元无发票。不符合《基本建设财务规则》第二十二条（四）的规定：“无发票或者发票项目不全、无审批手续、无责任人员签字的支出。”

（四）列支项目建设成本不合规

项目建设单位将预付工程款计入“建筑安装工程投资”科目核算，列入项目建设成本。

不符合财政部《基本建设项目建设成本管理规定》第二条的规定。建筑安装工程投资支出是指基本建设项目（以下简称项目）建设单位按照批准的建设内容发生的建筑工程和安装工程的实际成本，其中不包括被安装设备本身的价值，以及按照合同规定支付给施工单位的预付备料款和预付工程款。

二、风险防控

（一）建设成本关键控制点

建设成本关键控制点包括：成本控制目标的确定，价款结算控制，移民征地拆迁资金的控制；成本开支范围，标准控制；建设单位管理费控制；未完工程及预留费用控制；成本分析与考核。

（二）建设成本控制措施

建设成本控制是成本管理的中心环节，也是投资控制管理的最重要工作。

建设成本控制是指对项目建设成本形成过程中发生的各种耗费，按照批复的标准进行监督、调节和限制，及时纠正将要发生和已经发生的偏差，把各项成本费用控制在概算范围内，以保证预期目标的实现。

建设成本控制归纳起来有三个方面：职责分工明确、制订合理的施工方案、规范招投标管理。

1. 职责分工明确

职责分工是将成本管理的职责划归各职能部门，进行成本的日常控制和直接管理。如工程技术部门负责组织编制施工进度计划，做好施工安排，保证工程按进度实施，并对结算的工程量进行计量和审核。计划合同部门负责办理有关合同、协议的签订，编制或审核预算，负责办理工程价款结算。财务部门负责成本核算，监督考核预算的执行情况，对工程建设成本进行预测、控制和分析，并制定相关的成本管理制度。通过职责分工，把控制成本的责任分解、落实到职能部门和相关人员，形成一种责任分明、分工合理的成本管理机制。

2. 制订合理的施工方案

在制订施工方案时，从备选方案中选择价值系数较高的方案，以达到缩短工期、提高质量、降低成本的目的。

加强技术创新，在施工过程中努力寻求各种新工艺、新材料、新技术等降低成本的技术措施，以缩短工期、降低成本。

加强设计变更管理，在施工过程中不可避免会发生设计变更，设计变更的多少直接决定了建设成本的变化。设计变更方案要经过施工单位、设计单位、监理单位、项目建设单位共同研究，一般设计变更由项目建设单位批准实施；重大设计变更最终经项目审批机关同意后方可变更。不论是哪方提出的设计变更，都应做到方案与预算同步。考虑如何最经济合理，从而有效控制建设成本。

3. 规范招投标管理

在项目的勘察、设计、施工、监理、设备材料的采购等环节引入竞争机制，通过招投标择优选择承包人，是有效降低建设成本的重要手段。规范标段划分、招投文件编制、专家选择、评标方法、招投监督等招投标环节，建立公平、公正、公开、竞争的良好环境，以最合理的价格获得最好的技术方案，以降低工程建设成本。

（三）建设成本风险防控

（1）超过批准建设内容发生的支出，不得列入项目建设成本。项目建设单位应当严格控制建设成本的范围、标准和支出责任，严格按概（预）算批复的建设内容列支建设成本，超过批准建设内容发生的支出，不得列入建设成本。

（2）不符合合同协议的支出，不得列入项目建设成本。某工程施工合同的专用合同条款约定：本工程合同实施期间原材料不进行调价。但在结算价款时，经项目建设单位、监理单位签证支付施工单位部分原材料价格调价，列入项目建设成本。不符合合同协议的支出，不得列入项目建设成本。

（3）无发票或者发票项目不全、无审批手续、无责任人员签字的支出，不得列入项目建设成本。建立成本管理制度，履行必要的审批手续。无发票或者发票项目不全、无审批手续、无责任人员签字的支出，不得列入项目建设成本。

（4）项目符合规定的验收条件之日起3个月后发生的支出，不得列入项目建设成本。项目符合规定的验收条件之日起3个月后发生的支出，不得列入项目建设成本。

（5）其他不属于本项目应当负担的支出，不得列入项目建设成本。建设单位各职能部门要加强成本的控制与监督，严格执行项目概（预）算。列支建设成本要遵守开支范围和开支标准，不属于本项目应当负担的支出，不得列入项目建设成本。

（6）防止虚报投资完成、多结算工程进度款。某工程由某县水电建筑工程有限公司承建，某水利电力勘察设计有限责任公司监理，施工标合同价为1,135.09万元。20××年1月15日、20××年3月30日某县水电建筑工程有限公司2次申请防洪闸检修闸门、启闭机设备及安装工程进度款89.15万元，占防洪闸检修闸门、启闭机设备及安装工程单项合同价161.85万元的55%，经监理签证，项目建设单位审批后，支付进度款62.40万元（按合同约定支付进度款的70%）。经现场查看，防洪闸检修闸门、启闭机设备及安装工程尚未实施，多支付承包人工程进度款62.40万元。

承包人依据合同约定的条款据实申报工程进度款，监理单位、项目建设单位有关责任人认真审核，严格把关。对于虚报投资完成，多结算工程进度款的行为，依据《财政违法行为处罚处分条例》的相关规定，在责令改正、调整有关会计账目、追回资金的同时，还将没收有关单位的违法所得，核减或者停止拨付工程投资。

第七章　水利基本建设项目建设管理费管理

第一节　建设管理费概述

一、建设管理费的概念

项目建设管理费是指项目建设单位从项目筹建之日起至办理竣工财务决算之日止发生的管理性质的支出。

二、建设管理费总额控制数确定

项目建设管理费按有关部门批复的初步设计文件中明确的相应概算数确定，并以此作为总额控制数。

建设地点分散、点多面广、建设工期长以及使用新技术、新工艺等的项目，项目建设管理费确需超过总额控制数的，中央级项目，应当事前报项目主管部门审核批准，并报财政部备案，未经批准的，超标准发生的项目建设管理费由项目建设单位用自有资金弥补；地方级项目，由同级财政部门确定审核批准的要求和程序。

水利建设项目具有其自身行业特点，不仅大部分工程建设地点分散、点多面广、建设工期长，而且地理位置偏僻、环境恶劣、地形地质复杂。其项目建设管理费的总额控制数按照《水利工程设计概（估）算编制规定》，分别按枢纽工程、引水工程、河道工程三个类别，以工程概算中建筑工程、机电设备及安装工程、金属结构设备及安装工程、施工临时工程四个部分的建安工程量为基数，采用超额累进法分档计算。具体计算方法见表 7－1。

表 7－1　　水利建设项目建设管理费费率表

一至四部分建安工程量/万元	费率/%	辅助参数/万元
	枢纽工程	
50,000 及以内	4.5	0
50,000～100,000	3.5	500
100,000～200,000	2.5	1,500
200,000～500,000	1.8	2,900
500,000 以上	0.6	8,900
	引水工程	
50,000 及以内	4.2	0
50,000～100,000	3.1	550
100,000～200,000	2.2	1,450
200,000～500,000	1.6	2,650
500,000 以上	0.5	8,150

续表

一至四部分建安工程量/万元	费率/%	辅助参数/万元
河道工程		
10,000及以内	3.5	0
10,000～50,000	2.4	110
50,000～100,000	1.7	460
100,000～200,000	0.9	1,260
200,000～500,000	0.4	2,260
500,000以上	0.2	3,260

注　简化计算公式如下，一至四部分建安工作量×该档费率＋辅助参数。引水工程及河道工程原则上应按整体工程投资统一计算，工程规模较大时可分段计算。

三、建设管理费分类

按照《水利工程设计概（估）算编制规定——工程部分》的规定，项目建设管理费是指建设单位在工程项目筹建和建设期间进行管理工作所需的费用。包括建设单位开办费、建设单位人员费和项目管理费三项。

按照《基本建设项目建设成本管理规定》，项目建设管理费包括：不在原单位发工资的工作人员工资及相关费用、办公费、办公场地租用费、差旅交通费、劳动保护费、工具用具使用费、固定资产使用费、招募生产工人费、技术图书资料费（含软件）、业务招待费、施工现场津贴、竣工验收费、审计费和其他管理性质开支。

第二节　建设管理费管理

水利建设项目建设管理费的管理应当符合《基本建设项目建设成本管理规定》的要求。贯彻落实中央八项规定精神，严格执行《党政机关厉行节约反对浪费条例》等相关规定，严格控制项目建设管理费。

一、人员工资及相关费用管理

人员工资及相关费用是指项目建设单位从批准组建之日起至完成该项目建设任务之日止，需要开支的建设单位人员费用。主要包括不在原单位发工资的工作人员工资性支出、职工福利费、社会保险费、职业（企业）年金和住房公积金等。

人员工资及相关费用的管理应当符合国家有关规定，其中工资性支出应当在有关部门批复的工资额度以内。

二、办公费、办公场地租用费管理

办公费是指建设单位在项目管理过程中发生的购买办公用品、印制文件、水电费、通信以及订阅报刊等日常办公所需的费用。办公场地租用费是指建设单位因工程建设管理或现场管理的需要租用临时办公场所发生的费用。

办公费、办公场地租用费根据办公的实际需要、场地租用合同等，按照实际发生数，据实列支。

三、差旅交通费

差旅交通费是指建设单位工作人员临时到常驻地以外地区公务出差所发生的城市间交

通费、住宿费、伙食补助费和市内交通费，以及车辆的运行使用费和租赁费等。

项目建设单位应当建立健全公务出差审批制度。出差必须按规定报经单位有关领导批准。严禁无实质内容、无明确公务目的的差旅活动，严禁以任何名义和方式变相旅游，严禁异地部门间无实质内容的学习交流和考察调研等。

差旅交通费按照《中央和国家机关差旅费管理办法》和《党政机关公务用车管理办法》等规定进行管理，从严管理出差人数和天数，以及公务车辆的使用，控制差旅费支出规模。

四、业务招待费管理

业务招待费是指建设单位接待前来出席会议、考察调研、执行任务、学习交流、检查指导、请示汇报工作等公务活动人员发生的用餐费用。

水利建设单位一般不得发生业务招待费，确需列支的，业务招待费支出应当严格按照国家有关规定执行，贯彻落实中央八项规定精神，遵守中共中央办公厅、国务院办公厅《党政机关国内公务接待管理规定》等规章制度，并不得超过项目建设管理费的5%。

五、施工现场津贴管理

施工现场津贴是指支付给参加建设项目现场管理人员的补贴。津贴标准比照当地财政部门制定的差旅费标准执行。

建设单位应当制定施工现场津贴的管理制度，建立考勤台账，加强对施工现场津贴发放的管理。施工现场津贴和出差伙食补助费不得重复发放。

六、其他建设管理费

其他建设管理费包括劳动保护费、工具用具使用费、固定资产使用费、招募生产工人费、技术图书资料费（含软件）、竣工验收费、审计费和其他管理性质开支。

其他建设管理费根据工程建设管理的实际需要，按实际发生数和有关合同等据实列支。其中劳动保护费的开支应当满足劳动保护和安全生产管理的有关要求。

第三节　代建管理费的管理

一、代建单位确定

水利基本建设项目的代建单位一般是由政府设立（或授权）、政府招标产生。

代建单位确定后，项目建设单位应与代建单位依法签订代建合同，确立双方的合同关系。代建合同内容应包括项目建设规模、内容、标准、质量、工期、投资和代建费用等控制指标，明确双方的责任、权利、义务、奖惩等法律关系及违约责任的认定与处理方式等。

二、代建职责划分

（一）项目建设单位的主要职责

落实建设资金；监督检查工程建设的质量、安全、进度和资金使用管理情况，并协助做好上级有关部门（单位）的稽察、检查、审计等工作；协调做好重大设计变更、概算调整相关文件编报工作；组织或参与工程阶段验收、专项验收和竣工验收等。

（二）代建单位的主要职责

组织编报项目年度实施计划和资金使用计划，定期向项目管理单位报送工程进度、质量、安全以及资金使用等情况；配合做好上级有关部门（单位）的稽察、检查、审计等工作；按照基本建设财务管理相关规定，编报项目竣工财务决算，在项目竣工验收后及时办理资产移交手续等。

三、代建管理费标准

（一）代建管理费标准核定

代建管理费由项目主管部门或同级财政部门根据代建内容和要求，按照不高于批复的项目建设管理费标准核定。

（二）限额管理

实行代建制管理的项目，一般不得同时列支代建管理费和项目建设管理费，确需同时发生的，两项费用之和不得高于批复的建设管理费限额。

（三）超标准处理

建设地点分散、点多面广以及使用新技术、新工艺等的项目，代建管理费确需超过上述项目建设管理费标准的，应当事前报项目主管部门审核批准，并报财政部门备案。

四、代建管理费管理

（一）核定与支付原则

代建管理费的核定和支付应当与工程进度、建设质量结合，与代建内容、代建绩效挂钩，实行奖优罚劣。

（二）利润或奖励资金支付

代建单位同时满足按时完成项目代建任务、工程质量优良、项目投资控制在批准概算总投资范围三个条件的，项目建设单位可以支付给代建单位利润或奖励资金，代建单位利润或奖励资金一般不超过代建管理费的10%，需使用财政资金支付的，应当事前报同级财政部门审核批准；未完成代建任务的，应当按照代建合同等规定扣减代建管理费。

（三）代建招标和合同约定管理

如果代建单位是通过公开招标确定的，代建管理费的核定和支付应当严格按照项目招标文件、投标文件及服务承诺、中标通知书、代建合同和其他招标结果文件的相关规定进行管理。

第四节　案　　例

C水库建设工程概算批复的项目建设管理费6,677万元，其中人员工资及相关费用1,500万元，公务接待费50万元，差旅费200万元等。实际发生项目建设管理费6,599万元。

一、人员工资及相关费用

项目建设单位是事业单位的，按照有关部门印发的事业单位工资制度或批复的工资方案执行，并按规定列支职工福利费和缴纳社会保险费、职业年金和住房公积金等相关费用。

事业单位的工资构成如下：

基本工资：包括岗位工资和薪级工资。岗位工资对应所聘岗位，不同岗位工资待遇不同。薪级工资主要与职工资历挂钩，不同岗位的薪级工资起点不一样。

绩效工资：分为基础性绩效和奖励性绩效。基础性绩效和奖励性绩效按比例分配，并进行总量调控。

津贴补贴：主要是对艰苦边远地区及特殊岗位的一种倾斜性补贴。

事业单位的工资制度及相关费用的开支具有较强的政策性，事业单位必须严格执行。一般情况下，事业单位的工资制度或工资总额、绩效工资方案等应取得上级主管人事部门批复，实际列支的工资性支出应当在批复的工资额度以内，严禁违规发放津贴补贴。

二、业务接待费管理

C水库建设工程的公务接待费由单位综合科归口管理，按照批复的业务接待费预算进行控制，严格执行《H省党政机关国内公务接待工作实施细则》等规定，遵照有利公务、简化礼仪、务实节俭、杜绝浪费的原则，严格接待手续和接待标准，严禁高标准、高消费、超预算接待。

例如，张三接待某单位前来考察调研的人员，具体流程如下：

（1）收到或取得某单位前来考察调研的公函。

（2）张三根据接待公函填制公务接待审批表，说明接待日期、事由、计划来访人员名单（含单位名称、职务和人数等）、计划陪客人员、接待安排（包括用餐、住宿、用车等）和预算费用等相关内容，按照业务招待费内部管理制度的规定履行审批手续。

（3）按批准的接待审批表组织接待工作。

（4）接待工作完成后，根据接待情况填制公务接待清单，如实填写具体接待日期、事由、来访人员名单、陪同（餐）人员名单、接待情况（包括用餐、住宿、用车等）和发生的接待费用等，按照业务招待费内部管理制度的规定履行审批手续。单位业务接待费的归口管理部门要按照有关规定严格履行审核职责。

（5）公务接待清单经审批后，张三凭接待公函、公务接待审批表、公务接待清单和接待费票据等，按照单位财务支出审批制度的规定履行报销审批手续，财务部门据此进行财务报销。

第五节 常见问题和风险防控

一、常见问题

（1）未经批准超支建设管理费。××中心为中央级预算单位。2018年2月，该中心获批实施××加固工程，工程总投资1,698.00万元，其中，项目建设管理费47.43万元，工期2年。2020年4月工程完工，实际列支建设管理费52.17万元，建设管理费超支未经主管部门审核批准。

上述事项不符合《基本建设项目建设成本管理规定》（财建〔2016〕504号）“第六条

建设地点分散、点多面广、建设工期长以及使用新技术、新工艺等项目，项目建设管理费确需超过上述开支标准的，中央级项目，应当事前报项目主管部门审核批准，并报财政部备案，未经批准的，超标准发生的项目建设管理费由项目建设单位用自有资金弥补；地方级项目，由同级财政部门确定审核批准的要求和程序”的规定。

（2）超额或违规发放人员工资、津贴补贴及福利费等。

（3）建设项目现场管理机构考勤不严格。存在多发施工现场津贴或与出差伙食补助费重复发放等现象。

二、风险防控

（一）关键控制点

建设管理费管理的关键控制点包括：对建设管理费实行总额控制；贯彻落实中央八项规定精神要求和严格执行《党政机关厉行节约反对浪费条例》等国家有关规定；按照规定的范围和标准列支建设管理费；严格按照内部控制制度的规定履行审核、审批程序。

（二）控制措施

（1）按照有关规定建立健全项目建设管理费管理和使用的内控制度，明确开支范围、开支标准、审批程序及相关人员的权利义务和责任，做到建设管理费的开支有章可循。

（2）认真落实和严格执行国家有关规定和内控制度，对超范围、超标准违规列支建设管理费，或未按有关规定开支会议费、培训费、公务用车费用和接待费等违反财经纪律的行为，应当严肃追责。

（3）对由于客观原因，建设管理费确需超过概算批复的，中央级项目，应当事前报项目主管部门审核批准，并报财政部备案，未经批准的，超标准发生的项目建设管理费由项目建设单位用自有资金弥补；地方级项目，由同级财政部门确定审核批准的要求和程序。

（三）风险防控

1. 严防超范围或超标准开支项目建设管理费

不属于建设管理费开支范围的支出，不得从建设管理费中列支；国家或主管部门规定有开支标准的，支出标准不得高于规定的标准；签订有合同的，严格按照合同约定支付有关费用。

2. 严格“三公经费”、差旅费、会议费和培训费管理

严格公务用车、公务接待、因公出国，以及因公出差、举办会议和培训班的事前控制和审批。对必要的支出要从严核定标准、规模和参加人数，提倡厉行节约，杜绝浪费行为。

3. 规范代建制项目管理

项目建设单位应当与代建单位依法签订代建合同，严把合同签订关。代建合同的内容除包括建设规模、内容、标准、质量、工期、投资和代建费用等控制指标外，重点是要明确双方的责任、权利、义务、奖惩等法律关系，以及违约责任的认定与处理方式等。

第八章　水利基本建设项目征地补偿和移民安置财务管理

第一节　征地移民安置

一、征地移民安置概述

征地补偿和移民安置是水利基本建设项目的重要组成部分，是水利工程开工建设的先决条件。近年来，征地补偿标准增幅较大，水利基本建设项目征地补偿和移民安置投资占项目总投资的比重也逐年增加，在某些情况下，征地补偿和移民安置甚至成为项目投资决策的决定性因素。

水利基本建设项目征地补偿和移民安置资金使用管理主要有以下特点：

(1) 资金量大。水利基本建设项目，特别是新建工程，征地补偿和移民安置资金数额巨大，很多项目已超过主体工程的投资额。

(2) 政策性强。征地补偿和移民安置资金是广大移民恢复生产和生活的救命钱，关系到党和国家政策的落实和社会稳定大局。

(3) 涉及面广。被征迁主体有工厂、学校、居民、农民、集体，征迁补偿对象有土地、建筑物、农作物等，资金的使用管理涉及方方面面，各方面的关注程度高。

二、征地移民安置方式和要求

征地补偿和移民安置工作实行“政府领导、分级负责、县为基础，项目法人参与”的管理体制。国务院水利水电工程移民行政管理机构负责全国大中型水利水电工程移民安置工作的管理和监督；县级以上地方人民政府负责本行政区域大中型水利水电工程移民安置工作的组织和领导；省、自治区、直辖市人民政府规定的移民管理机构，负责本行政区域内大中型水利水电工程移民安置工作的管理和监督。

（一）征地移民安置方式

1. 委托地方政府实施

委托地方政府实施，是指项目建设单位根据已经批准的移民安置规划，与移民区和移民安置区所在的省、自治区、直辖市人民政府或者市、县人民政府签订移民安置协议，将征地移民安置补偿资金拨付给地方政府，由地方人民政府主导，具体负责征地补偿资金的使用管理。协议一般采用包干方式，按批准的移民安置规划和初步设计概算确定包干内容。

委托地方政府实施的移民安置工作，责任主体是地方人民政府。项目建设单位按照签订的移民安置协议拨付征地移民安置补偿资金，地方人民政府按照移民安置协议负责资金的使用，对移民安置资金的使用和安全负责。

2. 项目建设单位直接实施

项目建设单位直接实施，是由项目建设单位自行开展征地移民安置工作和补偿资金的使用管理。一般适用于征地移民安置工作量较小或者地方政府难以直接参与的项目。

项目建设单位全权管理征地移民工作，便于掌握征地补偿款的使用方向与使用进度，保障财政资金的使用效益。但由于农村土地所有权属于集体所有，没有政府部门参与征地移民工作，项目建设单位在开展工作时可能会遇到较大的阻力，也可能与村集体或者部分村民产生纠纷，而且在后期移民安置上容易出现矛盾，也不利于对移民后期安置进行统一规划，使移民安置工作无法得到充分保障。

大中型水利水电工程开工前，项目建设单位应当根据经批准的移民安置规划，与移民区和移民安置区所在的省、自治区、直辖市人民政府或者市、县人民政府签订移民安置协议；签订协议的省、自治区、直辖市人民政府或者市、县人民政府，可以与下一级有移民或者移民安置任务的人民政府签订移民安置协议。

有征地移民安置任务的水利工程一般规模较大，所以采取项目建设单位直接实施的比较少见，多是采取委托地方政府包干实施的方式。

（二）征地移民安置管理要求

1. 严格执行征迁和移民安置协议

协议内容要明确征地移民任务、进度安排、费用构成及结算方式、双方责任权利和义务。

2. 严格执行征迁补偿标准

依据协议，按批准的征地安置规划和移民安置实施方案确定的征迁补偿标准支付各类补偿款，杜绝多补、少补、欠补、漏补、无合同协议补偿的情况发生。

3. 完善补偿款发放程序和手续

依据征地协议和拆迁合同，按单、村、村民分别造册发放，村民个人凭身份证领取补偿资金，原则上委托银行代发；做到协议或合同、领款票据和发放表三统一，并妥善保存。

第二节　征地补偿和移民安置费用管理

一、征地补偿和移民安置费用构成

征地补偿和移民安置资金、依法应当缴纳的耕地占用税和耕地开垦费以及依照国务院有关规定缴纳的森林植被恢复费等应当列入大中型水利水电工程概算。

建设征地移民安置补偿费用由补偿补助费、工程建设费、其他费用、预备费、有关税费等构成。

（1）补偿补助费：包括征收土地补偿和安置补助费，征用土地、房屋及附属建筑物补偿费，青苗、林木、设施设备、停产损失等补偿费，贫困移民建房补助、文教卫生增容补助和过渡期补助等费用。

（2）工程建设费：包括基础设施工程、专业项目、防护工程和库底清理等项目的建筑工程费，机电设备及安装工程费，金属结构设备及安装工程费，临时工程费等。

（3）其他费用：包括前期工作费、综合勘测设计科研费、实施管理费、实施机构开办费、技术培训费、监督评估费等。

（4）预备费：包括基本预备费和价差预备费。基本预备费主要指在建设征地移民安置设计及补偿费用概（估）算内难以预料的项目费用；价差预备费指在建设期间，由于人工工资、材料和设备价格上涨以及费用标准调整而增加的投资。

（5）有关税费：包括耕地占用税、耕地开垦费、森林植被恢复费、草原植被恢复费等。

二、征地补偿和移民安置资金管理

（一）资金管理原则

（1）专款专用，专户存储，专账核算。

（2）切实保障被征地拆迁单位和个人合法利益的原则。

（3）确保资金安全运行的原则。

（4）节约成本、提高资金使用效益的原则。

（二）主要管理任务

（1）制定《工程建设征地补偿和移民安置实施办法》。

（2）项目建设单位与征迁移民安置实施机构签订安置协议。

（3）按征地移民任务和移民安置协议、移民安置规划、征地拆迁进度等支付、结算征地移民资金。

（4）及时掌握了解征地补偿资金拨付与使用管理情况，对征迁安置机构的资金使用和管理情况实施监督等。

（三）征地移民安置资金管理

征地补偿和移民安置资金应当专账核算、专款专用、严格监管、确保安全。移民搬迁安置前，项目建设单位和有关单位应根据工程建设进度和移民安置年度计划及时拨付移民安置资金。移民安置实施单位要建立健全财务管理制度，及时张榜公布移民资金收支情况，接受群众监督。

1. 委托地方政府实施

项目建设单位依据移民安置规划和年度计划，与征迁安置移民机构签订移民安置协议，按协议约定支付移民资金预付款；征迁安置移民机构依据移民安置协议和征地移民实施进度，定期向项目建设单位报送征地移民资金进度款结算资料，项目建设单位对结算资料审核后支付移民资金进度款；项目建设单位对征迁移民安置机构的资金支付和使用情况进行监督，征迁移民机构未按规定使用移民资金，应暂缓拨付移民资金。

2. 项目建设单位直接实施

支付给个人的财产补偿费及征地补偿费，应通过转账方式直接、及时、足额支付至移民个人银行账户。同时，应取得领款人的签名或手印。手续不完备的领款花名册不得作为财务报账的依据。如果领款人无法领取而委托他人代领的，应把握的原则为：代领人必须为应领款人家庭成员或直系亲属；代领人应出示户口簿、身份证等证明材料及复印件；代领人应签代领人名字并按手印，并在备注栏注明与应领款人的关系。支付集体的补偿款，征用集体土地应取得乡村移民安置方案，并与乡、村签订征地补偿协议。按照协议支付资金，并取得有效票据。对被征收土地上的单位和集体所有附着建筑物、工矿企业和学校、交通电力电信等专项设施迁建或复建的补偿，应与相关单位或部门签订协议，按照协议支付补偿费，并取得收款单位的有效票据。

第三节　案　　例

H省×××工程征地范围包括输水河道、枢纽建（构）筑物、临河跨河建筑物、影响处理及建设管理设施等建设工程的永久用地，以及拆迁安置用地和“三改”用地，补偿和移民安置工程量占工程总投资较大，其征地补偿和移民安置管理具体措施如下：

项目建设单位和征地移民实施机构共同制定征地拆迁资金使用管理办法，明确资金使用范围、拨付程序、成本列支手续，保障资金使用安全。设立某工程征地拆迁资金专户，实行专户管理、专款专用，对被征迁单位和个人补偿的各项费用必须及时足额支付，不得以任何理由截留或挪用。

第四节　常见问题和风险防控

一、常见问题

征地补偿和移民安置工作常见问题有：经费支出手续不完善，未签订征地补偿和移民安置协议；征地补偿和移民安置资金未使用，未足额拨付到位，未足额支付到移民个人账户；地方资金到位率低、征地补偿和移民安置超概算等。

（一）房屋拆迁补偿资金、征地补偿资金以拨代支

某重大水利工程项目建设单位在无征地移民补偿实际完成投资确认计量资料的情况下，仅以银行付款凭证、收款收据、合同付款审批表、移民安置任务及资金申请文件，拨付地方征地移民机构征地移民补偿资金，并将上述资金计入“待摊投资”科目，列入工程建设成本。

不符合《中华人民共和国会计法》第九条“各单位必须根据实际发生的经济业务事项进行会计核算，填制会计凭证，登记会计账簿，编制财务会计报告。任何单位不得以虚假的经济业务事项或者资料进行会计核算”的规定。

（二）未签订协议拨付征地移民补偿资金

项目建设单位在未与政府及相关部门签订征地移民补偿协议的情况下，支付县土地房屋征收服务中心土地征收补偿费，由该中心分别与乡政府、村委会签订补偿协议进行补偿。

不符合《大中型水利水电工程建设征地补偿和移民安置条例》第二十七条“大中型水利水电工程开工前，项目法人应当根据经批准的移民安置规划，与移民区和移民安置区所在的省、自治区、直辖市人民政府或者市、县人民政府签订移民安置协议；签订协议的省、自治区、直辖市人民政府或者市人民政府，可以与下一级有移民或者移民安置任务的人民政府签订移民安置协议”和第二十九条“ 项目法人应当根据移民安置年度计划，按照移民安置实施进度将征地补偿和移民安置资金支付给与其签订移民安置协议的地方人民

政府”的规定。

二、风险防控

征地补偿和移民安置财务管理的关键控制点是资金拨付，控制措施是建立健全移民资金管理制度。

项目建设单位和各地方征迁移民机构要根据相关规定，按职责负责征地拆迁资金管理，制定征地补偿和移民安置资金管理制度，明确征地补偿和移民安置资金使用范围，规范资金拨付程序，配备专（兼）职财会人员负责资金管理，设立专户，实行专户管理，专账核算，专款专用，存储期间的孳息，应当纳入征地补偿和移民安置资金，不得挪作他用。对被征迁单位和个人补偿的各项费用必须及时足额支付，不得以任何理由截留或挪用。

项目建设单位和各地方征迁移民机构要建立征地补偿和移民安置资金拨付使用监督责任制度，不定期自查、抽查和重点检查资金的拨付、使用和管理等情况，发现问题及时纠正处理，并定期向本级人民政府、上级主管部门报告征迁资金使用情况，自觉接受监察、审计、财政等部门对资金使用管理情况的监督。发现有下列情形之一，暂停资金拨付：

（1）未按规定配备相应资质的专（兼）职财会人员。

（2）未按规定实行专户管理、专账核算、专款专用。

（3）资金拨付使用管理混乱、存在明显安全隐患。

（4）征地拆迁移民安置政策不公开、执行不到位。

第九章　水利基本建设项目工程价款结算管理

第一节　工程价款结算

一、工程价款结算概念

工程价款结算是指对建设工程的发承包合同价款进行约定和依据合同约定进行工程预付款、工程进度款、工程竣工价款结算的活动。

工程价款结算是发包人和承包人履行合同权利和义务的主要环节，是双方利益的集中体现。结算是完成投资的直接依据，通过工程价款结算，承包人履行了合同约定的义务，获得合理利润和下一步施工所需资金的权利；发包人履行了支付资金的义务，获得符合质量标准的工程形象进度。

二、工程价款结算原则和要求

（一）原则

从事工程价款结算活动，应当遵循合法、平等、诚信的原则，并符合国家有关法律法规和政策。

《基本建设财务规则》规定：项目建设单位应当严格按照合同约定和工程价款结算程序支付工程款。竣工价款结算一般应当在项目竣工验收后2个月内完成，大型项目一般不得超过3个月。

水利基本建设项目对竣工价款结算在办理时间上的要求有所不同，根据《水利工程建设项目验收管理规定》（水利部令第30号）和《水利水电建设工程验收规程》（SL 223—2008），编制竣工财务决算并完成竣工决算审计是竣工验收的前提条件，因此，必须在项目竣工验收前完成竣工价款结算。

（二）要求

（1）单位负责人对工程价款结算负领导责任，负责工程价款结算的审批。

（2）工程部门对工程价款结算中的工程计量负直接责任，责任要落实到人。

（3）合同管理部门对单价、总价及合同的执行情况负责，责任要落实到人。

（4）财务部门办理工程价款支付、预付款抵扣、质量保证金预留等手续，责任要落实到人。

三、工程价款结算依据

（一）工程承包合同有关条款

工程承包合同有关条款包括：价款结算方式、计价方式、已完工程量、预付工程款的支付与抵扣、质量保证金的比例、预留与支付、变更与索赔、竣工结算等。

（二）经批准的施工图设计

施工图设计是工程量计算的基础，除此之外，施工图中有关施工方案、规程、工艺等也是工程价款结算的重要依据。

（三）招标文件

招标文件是合同的主要组成部分，合同中约定的有关工程价款结算的条款均体现在招标文件中。除招标文件外，在招标过程中形成的各种往来函件、承诺书、谈判记录等都是合同的组成部分，都是工程价款结算的依据。

（四）设计变更通知等有效文件

设计变更通知等有效文件是确定合同工程量及价格的直接依据。

工程价款结算应按合同约定办理，合同未作约定或约定不明的，发、承包双方应依照下列规定与文件协商处理：

（1）国家有关法律法规和规章制度。

（2）国务院建设行政主管部门、省、自治区、直辖市或有关部门发布的工程造价计价标准、计价办法等有关规定。

（3）建设项目的合同、补充协议、变更签证和现场签证，以及经发、承包人认可的其他有效文件。

（4）其他可依据的材料。

第二节　工程价款结算管理

一、履约担保管理

（一）概念

履约担保是发包人为规避合同风险，防止承包人在合同执行过程中违反合同约定，要求承包人对合同履约的一种保证。

当出现合同不履约或不完全履约时，承包人的保证金将受到罚没或部分罚没，担保人或提供保函的银行将无条件承担连带责任。

履约担保包括履约保证金、履约担保书和履约银行保函三种方式。

（二）要求

招标文件要求中标人提交履约保证金的，中标人应当提交。

履约银行保函是中标人从银行开具的保函，履约保证金不得超过中标合同金额的10%。

（三）管理

承包方在合同签订前已提交了履约保函，在结算工程进度款时不得预留质量保证金。

采用工程质量保证担保、工程质量保险等其他保证方式的，发包人不得再预留保证金。

二、质量保证金管理

（一）概念

建设工程质量保证金是指发包人与承包人在建设工程承包合同中约定，从工程价款结算中预留，用以保证承包人在缺陷责任期内对建设工程出现的缺陷进行维修的资金。

（二）要求

发包人应按照合同约定方式预留质量保证金，质量保证金总预留比例不得高于工程价款结算总额的3%。合同约定由承包人以银行保函替代预留质量保证金的，保函金额不得高于工程价款结算总额的3%。

（三）管理

工程建设项目竣工验收前，履约保函约定的履约期限已到期，承包人应提供银行出具的续约保函，续约期限及其相关条款应满足项目建设单位的要求；承包人未提供续约保函的，项目建设单位应在价款结算时，预留工程价款结算总额3%的质量保证金。

质量保证金缺陷责任期一般为1年，最长不超过2年，由发、承包双方在合同中约定。

缺陷责任期内，承包人认真履行合同约定的责任，到期后，承包人向发包人申请返还保证金。

发包人在接到承包人返还保证金申请后，应于14天内会同承包人按照合同约定的内容进行核实。如无异议，发包人应当按照约定将保证金返还给承包人。对返还期限没有约定或者约定不明确的，发包人应当在核实后14天内将保证金返还承包人，逾期未返还的，依法承担违约责任。发包人在接到承包人返还保证金申请后14天内不予答复，经催告后14天内仍不予答复，视同认可承包人的返还保证金申请。

三、工程预付款管理

（一）概念

工程预付款按合同约定支付给承包方用于施工准备和施工启动的资金，

工程预付款包括预付备料款和预付工程款。预付款用于承包人为合同工程施工购置材料、工程设备，购置或租赁施工设备、修建临时设施以及组织施工队伍进场等所需的款项。

（二）要求

预付款应在建设工程或设备、材料采购合同已经签订，施工或供货单位提交了经建设单位财务部门认可的银行履约保函和保险公司的担保书后，按照合同规定的条款支付。合同中应详细注明预付款的金额、支付方式、抵扣时间及抵扣方式等内容。工程预付款结算应符合下列规定：

（1）包工包料工程的预付款按合同约定拨付，原则上预付比例不低于合同金额的10%，不高于合同金额的30%，对重大工程项目，按年度工程计划逐年预付。

（2）在具备施工条件的前提下，发包人应在双方签订合同后的一个月内或不迟于约定的开工日期前的7天内预付工程款，发包人不按约定预付，承包人应在预付时间到期后10天内向发包人发出要求预付的通知，发包人收到通知后仍不按要求预付，承包人可在发出通知14天后停止施工，发包人应从约定应付之日起向承包人支付应付款的利息（利率按同期银行贷款利率计），并承担违约责任。

（3）预付的工程款必须在合同中约定抵扣方式，并在工程进度款中进行抵扣。

（4）凡是没有签订合同或不具备施工条件的工程，发包人不得预付工程款，不得以预付款为名转移资金。

（三）管理

预付工程款的支付应具备以下条件：合同已经签订；合同约定的支付条件已具备，承包人提交了符合规定的并经建设单位认可的预付工程款保函；申请和审批手续完备；承包人按支付额度提供收款收据（预付款不需要承包人提供税务发票、但承包人要提供收款收据，并加盖财务专用章）；按合同约定的账户支付；收款单位的名称和账号要与签订的合同一致，如有变更，施工单位应提交具有法律效力的变更手续。

水利部《关于印发水利水电工程标准施工招标资格预审文件和水利水电工程标准施工文件的通知》通用合同条款和专用合同条款规定，承包人应在收到第一次工程预付款的同时向发包人提交工程预付款担保，担保金额应与第一次预付款金额相同，第二次预付款待承包人的主要设备进入工地后，其估算价值已达到第二次预付款金额时，承包人不需提交工程预付款担保。

首次支付承包人工程预付款，承包人应提供以下资料：中标通知书；预付款保函；施工合同；承包人要求预付工程款的申请；监理单位签发的预付款支付证书；承包人提供的收款收据。

（四）抵扣

工程预付款的抵扣是指在合同专用条款中约定，承包人完成合同价一定的比例（一般为30％）开始在结算进度款中抵扣工程预付款，抵扣的工程预付款由监理单位按照规定的计算公式，核定抵扣的金额。同时，合同专用条款中约定，承包人完成合同价一定比例（一般为70％）时完成全部工程预付款的抵扣。

四、预付款保函管理

（一）概念

工程预付款保函是一种信用的函件，由承包人向银行申请，保证在申请人未能履行合同义务时，发包人提供相关证据，可向银行提起索赔。

（二）要求

承包人提交了经项目建设单位财务部门认可的预付款银行履约保函后，按照合同规定的条款支付。合同中应详细注明预付款的金额、支付方式、抵扣时间及抵扣方式等内容。

（三）管理

项目建设单位财务部门妥善保管各类保函原件，保函管理和退回应履行必要的内部控制程序。建立预付款保函的台账，承包人提交的预付款保函到期，工程预付款已全部扣回，发包人应将预付款保函退还承包人。

（四）工程预付款与工程进度款的区别

建筑安装工程投资支出是指项目建设单位按照批准的建设内容发生的建筑工程和安装工程的实际成本，其中不包括被安装设备本身的价值，以及按照合同规定支付给施工单位的预付备料款和预付工程款。

工程预付款按合同约定支付给承包方用于施工准备和施工启动的资金，在账务处理时，计入预付工程款科目，在工程价款结算时扣回。工程预付款不构成投资完成额，不计入项目建设成本。而工程进度款反映承发包双方对已完成的工程量及相应价值的认可，构成投资完成额，应计入项目建设成本。

五、工程进度款管理

（一）概念

工程进度款是指工程的施工进行到某个阶段，计算这一阶段完成的工程量乘以合同约定的单价及各项费用总和。反映承发包双方对已完成的工程量及相应价值的认可，构成投资完成额。

（二）要求

1. 工程价款结算的程序及审批手续

（1）承包人按合同约定将结算申请书报监理单位，并附本次结算已完工程量及其质量满足要求的相关证明材料。

（2）监理单位按照合同约定及工程实际完成情况对承包人申报的结算资料进行审核。

（3）公开招标择优选择社会中介机构对承包人项目的工程造价进行跟踪审计的项目，跟踪审计单位按照合同约定及工程实际完成情况对承包人申报的结算资料进行审核。

（4）项目建设单位工程技术部门审核结算的工程量是否正确。

（5）项目建设单位的计划合同部门审核结算的单价、总价是否正确。

（6）项目建设单位的财务部门复核本期及累计结算金额，预付工程款的抵扣金额、质量保证金的预留、扣留的进度款等是否正确。通过审核无误，办理工程价款结算与支付手续。

（7）承包人按本期结算金额开具税务发票后，项目建设单位方可支付本期进度款，并作为列支建设成本的依据。

（8）工程价款结算流程，见表9－1。

表9－1　　工程价款结算流程

相关单位	工程价款支付流程	相关附件
承包人	按月上报已完工程进度款结算账单	承包人工程款拨付申请、工程量计算单、计量签证、安全措施费发票图片清单、完工验收鉴定书等
监理单位	对承包人上报的已完工程进度款结算账单及时进行审核，送总监理工程师签字认可，并报项目建设单位工程部门审核	在工程量计算单上手工确认审核后工程量、签发支付证书及明细支付证书
跟踪审计单位	对承包人上报的已完工程进度款结算账单及时进行审核，并报项目建设单位工程部门审核	出具审计报告
项目建设单位工程部门	工程部门对监理单位、跟踪审计单位审核的已完工程进度款结算账单作进一步审核，并签发工程进度支付汇总表和资金拨付申请表，报项目法定代表人审批	在相关支付证书和申请表上签字盖章
项目建设单位负责人	审批支付本期进度款	在相关申请表上签字
项目建设单位财务部门	财务部门根据工程进度支付汇总表和资金拨付申请表作账务处理，反映当月投资完成数；根据资金拨付申请表和施工单位开具税务发票，支付本期进度款	在相关申请表上签字盖章

注　有跟踪审计的项目，跟踪审计与监理审核数不一致，项目建设单位按跟踪审计单位出具的审计核定数支付工程进度款。

2. 工程价款结算与支付的基本要求

(1) 结算程序和方法应符合相关规定与合同约定。先由承包人提交工程进度支付申请单、工程进度款付款汇总表、工程量计算书等有关结算资料，报监理单位审核后，监理单位签发工程进度付款证书、工程进度付款审核汇总表，总监理工程师审核签字，报项目建设单位有关业务部门审核，最后由项目建设单位法人代表审批。

(2) 按合同约定扣回预付工程款。

(3) 承包人提供全额的税务发票。

3. 工程量计算的要求

工程量是指以物理计量单位或自然计量单位表示的建筑工程各个分部分项工程或结构件的实物数量。

(1) 承包人应当按照合同约定的方法和时间，向发包人提交已完工程量的报告。发包人接到报告后14天内核实已完工程量，并在核实前1天通知承包人，承包人应提供条件并派人参加核实，承包人收到通知后不参加核实，以发包人核实的工程量作为工程价款支付的依据。发包人不按约定时间通知承包人，致使承包人未能参加核实，核实结果无效。

(2) 发包人收到承包人报告后14天内未核实完工程量，从第15天起，承包人报告的工程量即视为被确认，作为工程价款支付的依据，双方合同另有约定的，按合同执行。

(3) 对承包人超出设计图纸（含设计变更）范围和因承包人原因造成返工的工程量，发包人不予计量。

4. 工程设计变更的价格调整

施工中发生工程变更，承包人按照经发包人认可的变更设计文件，进行变更施工，其中，政府投资项目重大变更，需按基本建设程序报批后方可施工。

在工程设计变更确定后14天内，设计变更涉及工程价款调整的，由承包人向发包人提出，经发包人审核同意后调整合同价款。变更合同价款按下列方法进行：

(1) 合同中已有适用于变更工程的价格，按合同已有的价格变更合同价款。

(2) 合同中只有类似于变更工程的价格，可以参照类似价格变更合同价款。

(3) 合同中没有适用或类似于变更工程的价格，由承包人或发包人提出适当的变更价格，经对方确认后执行。如双方不能达成一致的，双方可提请工程所在地工程造价管理机构进行咨询或按合同约定的争议或纠纷解决程序办理。

工程设计变更确定后14天内，如承包人未提出变更工程价款报告，则发包人可根据所掌握的资料决定是否调整合同价款和调整的具体金额。重大工程变更涉及工程价款变更报告和确认的时限由发承包双方协商确定。

收到变更工程价款报告一方，应在收到之日起14天内予以确认或提出协商意见，自变更工程价款报告送达之日起14天内，对方未确认也未提出协商意见时，视为变更工程价款报告已被确认。确认增（减）的工程变更价款作为追加（减）合同价款与工程进度款同期支付。

（三）管理

1. 工程进度款结算方式

(1) 按月结算与支付。即实行按月支付进度款，竣工后清算的办法。合同工期在两个年度以上的工程，在年终进行工程盘点，办理年度结算。

（2）分段结算与支付。即当年开工、当年不能竣工的工程按照工程形象进度，划分不同阶段支付工程进度款。具体划分在合同中明确。

2. 工程进度款支付

工程价款按照建设工程合同规定条款、实际完成的工作量及工程监理情况结算与支付。

（1）根据确定的工程计量结果，承包人向发包人提出支付工程进度款申请，14天内，发包人应按不低于工程价款的80％向承包人支付工程进度款。按约定时间发包人应扣回的预付款，与工程进度款同期结算抵扣。

财政部、建设部《关于完善建设工程价款结算有关办法的通知》要求适度提高建设工程进度款支付比例。政府机关、事业单位、国有企业建设工程进度款支付应不低于已完成工程价款的80％；同时，在确保不超出工程总概（预）算以及工程决（结）算工作顺利开展的前提下，除按合同约定保留不超过工程价款总额3％的质量保证金外，进度款支付比例可由发承包双方根据项目实际情况自行确定。在结算过程中，若发生进度款支付超出实际已完成工程价款的情况，承包单位应按规定在结算后30日内向发包单位返还多收到的工程进度款。

（2）发包人超过约定的支付时间不支付工程进度款，承包人应及时向发包人发出要求付款的通知，发包人收到承包人通知后仍不能按要求付款，可与承包人协商签订延期付款协议，经承包人同意后可延期支付，协议应明确延期支付的时间和从工程计量结果确认后第15天起计算应付款的利息（利率按同期银行贷款利率计）。

（3）发包人不按合同约定支付工程进度款，双方又未达成延期付款协议，导致施工无法进行，承包人可停止施工，由发包人承担违约责任。

六、工程竣工价款结算管理

（一）概念

工程竣工价款结算是指水利基本建设项目所有合同工程完工验收后，承发包双方就最后工程价款进行的结算活动。合同工程完工结算是工程竣工结算的基础。

（二）要求

工程完工后，双方应按照约定的合同价款及合同价款调整内容以及索赔事项，进行工程竣工结算。

（1）具备竣工结算的条件：

1）工程预付款已扣完。

2）质量保证金已按合同约定预留。

3）合同执行过程中的遗留问题已处理并达成一致。

（2）工程竣工结算方式。水利基本建设项目工程竣工价款结算分为单位工程竣工价款结算和建设项目竣工价款总结算。在实际工作中，少数大型水利基本建设项目根据建设管理需要，按照管理区域实施了单项工程设计，在此前提下，项目建设单位可增加单项工程竣工价款结算方式。

（3）工程竣工价款结算编审：

1）单位工程竣工价款结算由承包人编制，发包人审查；实行总承包的工程，由具体承包人编制，在总包人审查的基础上，发包人审查。

2）单项工程竣工价款结算或建设项目竣工价款总结算由总（承）包人编制，发包人可直接进行审查，也可以委托具有相应资质的工程造价咨询机构进行审查。政府投资项目，由同级财政部门审查。单项工程竣工结算或建设项目竣工总结算经发包人、承包人签字盖章后有效。

(4) 工程竣工价款结算审查期限。合同工程完工或单项工程竣工后，承包人应在提交竣工验收报告的同时，向发包人递交竣工结算报告及完整的结算资料，发包人应按规定时限进行核对（审查）并提出审查意见。

(5) 工程竣工价款结算。发包人收到承包人递交的竣工结算报告及完整的结算资料后，应按本办法规定的期限（合同约定有期限的，从其约定）进行核实，给予确认或者提出修改意见。发包人根据确认的竣工结算报告向承包人支付工程竣工结算价款，预留3%的质量保证（保修）金，待工程交付使用一年质保期到期后清算（合同另有约定的，从其约定），质保期内如有返修，发生费用应在质量保证（保修）金内扣除。

(6) 索赔价款结算。发承包人未能按合同约定履行自己的各项义务或发生错误，给另一方造成经济损失的，由受损方按合同约定提出索赔，索赔金额按合同约定支付。

(7) 合同以外零星项目工程价款结算。发包人要求承包人完成合同以外零星项目，承包人应在接受发包人要求的7天内就用工数量和单价、机械台班数量和单价、使用材料和金额等向发包人提出施工签证，发包人签证后施工，如发包人未签证，承包人施工后发生争议的，责任由承包人自负。

(8) 发包人和承包人要加强施工现场的造价控制，及时对工程合同外的事项如实记录并履行书面手续。凡由发、承包双方授权的现场代表签字的现场签证以及发、承包双方协商确定的索赔等费用，应在工程竣工结算中如实办理，不得因发、承包双方现场代表的中途变更改变其有效性。

(9) 发包人收到竣工结算报告及完整的结算资料后，在本办法规定或合同约定期限内，对结算报告及资料没有提出意见，则视同认可。承包人如未在规定时间内提供完整的工程竣工结算资料，经发包人催促后14天内仍未提供或没有明确答复，发包人有权根据已有资料进行审查，责任由承包人自负。

根据确认的竣工结算报告，承包人向发包人申请支付工程竣工结算款。发包人应在收到申请后15天内支付结算款，到期没有支付的应承担违约责任。承包人可以催告发包人支付结算价款，如达成延期支付协议，承包人应按同期银行贷款利率支付拖欠工程价款的利息。如未达成延期支付协议，承包人可以与发包人协商将该工程折价，或申请人民法院将该工程依法拍卖，承包人就该工程折价或者拍卖的价款优先受偿。

(10) 工程竣工结算以合同工期为准，实际施工工期比合同工期提前或延后，发、承包双方应按合同约定的奖惩办法执行。

(11) 工程造价咨询机构接受发包人或承包人委托，编审工程竣工结算，应按合同约定和实际履约事项认真办理，出具的竣工结算报告经发、承包双方签字后生效。当事人一方对报告有异议的，可对工程结算中有异议部分，向有关部门申请咨询后协商处理，若不能达成一致的，双方可按合同约定的争议或纠纷解决程序办理。

（12）接受委托承接有关工程结算咨询业务的工程造价咨询机构应具有工程造价咨询单位资质，其出具的办理拨付工程价款和工程结算的文件，应当由造价工程师签字，并应加盖执业专用章和单位公章。

（三）管理

（1）发包人对工程质量有异议，已竣工验收或已竣工未验收但实际投入使用的工程，其质量争议按该工程保修合同执行；已竣工未验收且未实际投入使用的工程以及停工、停建工程的质量争议，应当就有争议部分的竣工结算暂缓办理，双方可就有争议的工程委托有资质的检测鉴定机构进行检测，根据检测结果确定解决方案，或按工程质量监督机构的处理决定执行，其余部分的竣工结算依照约定办理。

（2）当事人对工程造价发生合同纠纷时，可通过下列办法解决：

1）双方协商确定。

2）按合同条款约定的办法提请调解。

3）向有关仲裁机构申请仲裁或向人民法院起诉。

（3）发包人与中标的承包人不按照招标文件和中标的承包人的投标文件订立合同的，或者发包人、中标的承包人背离合同实质性内容另行订立协议，造成工程价款结算纠纷的，另行订立的协议无效，由建设行政主管部门责令改正，并按《中华人民共和国招标投标法》进行处罚。

（4）建设工程施工专业分包或劳务分包，总（承）包人与分包人必须依法订立专业分包或劳务分包合同，按照本办法的规定在合同中约定工程价款及其结算办法。

凡实行监理的工程项目，工程价款结算过程中涉及监理工程师签证事项，应按工程监理合同约定执行。

第三节　案　　例

一、按规定提交履约保证金

C水库项目招标文件投标人须知，履约担保的形式：缴纳履约保证金。履约担保的金额：合同价3,000万元的10％。项目建设单位与中标的人在签订合同前，中标人按招标文件的规定提交中标价的10％履约保证金300万元，并经项目建设单位财务部门确认。

二、在已缴纳履约保证金的情况下不再预留质量保证金

某项目在承包人提交履约保证金的情况下，项目建设单位在结算与支付进度款时，不再同时预留质量保证金。

三、按实际完成的工程量，结算进度款

项目建设单位结算与支付承包人进度款严格按照监理单位审核完成的工程量结算与支付工程进度款，按实际完成的工程量据实结算。

某项目建设单位与承包人签订的施工合同总价为1,000万元，约定预付工程款按中标价的10％。应支付工程预付款100万元。分两次支付，第一次支付60％的预付款60万

元，承包人按合同约定，提交了60万元预付款保函；发包人支付第二次40%的预付款40万元，承包人的主要设备进入工地后，其估算价值已达到第二次预付款金额时，经监理签证，承包人不需提交40万元的工程预付款保函。

【案例9-1】 工程价款结算流程

合同履行到约定的结算节点时，大型项目的结算通常为按月结算（工程价款月度结算单模板可见表9-2），由承包人上报完整有效的工程结算资料。经监理单位或者代建单位审核结算资料的完整性，审核结算工程量和价格并提出审核意见。工程技术部门需要进一步确认工程量变更情况，包括增加及减少两个部分。财务部门、计划合同部门等相关部门根据工程技术部门确认的工程量变更情况，合同及清单价格审核，并提出初审意见。

例如，H省C水库工程施工2标段的某一价款结算单于2020年3月由承包人根据实际完工情况及相关合同约定提出付款申请，申请的价款为2,000万元，累计完成投资4,822.70万元（占合同价的30.14%）。预付工程款按照合同预付条款约定的抵扣方法计算当月价款结算应抵扣预付工程款5.675万元。（H省C水库工程施工2标段合同价为16,000万元，合同约定预付款为合同价的10%，预付款为1,600万元。承包人完成合同价30%，开始在结算进度款中抵扣工程预付款，抵扣的工程预付款由监理单位按照规定的计算公式，核定抵扣的金额。同时，合同专用条款中约定，承包人完成合同价70%扣完全部工程预付款。）

扣回预付款的计算公式为

$$R=A(C-F_1S)/(F_2-F_1)S$$

式中 R——每次进度付款中累计扣回的金额；

A——预付工程款总金额；

C——合同累计完成额；

S——合同价格；

F_1——按专用合同条款约定开始扣款，合同累计完成金额达到合同价格的比例，%；

F_2——按专用合同条款约定全部扣清时，合同累计完成金额达到合同价格的比例，%。

案例一扣回的预付款为：5.675万元=1,600×（4,822.70−30%×16,000）/（70%−30%）×16,000。

承包人出具工程价款月度结算单（见表9-2）及付款审批表，并提供完整的工程清单资料送监理单位审核，审核意见报送H省C水库建管局。C水库建管局的工程技术部在审核通过后将结算单和付款审批表移交财务科，财务科报局长及总工程师的审批后，向承包人支付工程进度款（见图9-1）。

表9-2　　工程价款月度结算单

序号	细目编码	计量单位	施工单位报审			监理审批			造价审批		
			报审工程量	金额/元		审批工程量	金额/元		审批工程量	金额/元	
				综合单价	合价		综合单价	合价		综合单价	合价
1											
2											

续表

序号	细目编码	计量单位	施工单位报审			监理审批			造价审批		
			报审工程量	金额/元		审批工程量	金额/元		审批工程量	金额/元	
				综合单价	合价		综合单价	合价		综合单价	合价
3											
4											
5											
6											
7											
8											
9											
10											
本页小计											

施工单位报审签认栏	监理公司审批栏	造价公司审批栏
计量人员：（签章）	监理工程师：（签章）	造价工程师：（签章）
报审日期： 年 月 日	报审日期： 年 月 日	报审日期： 年 月 日

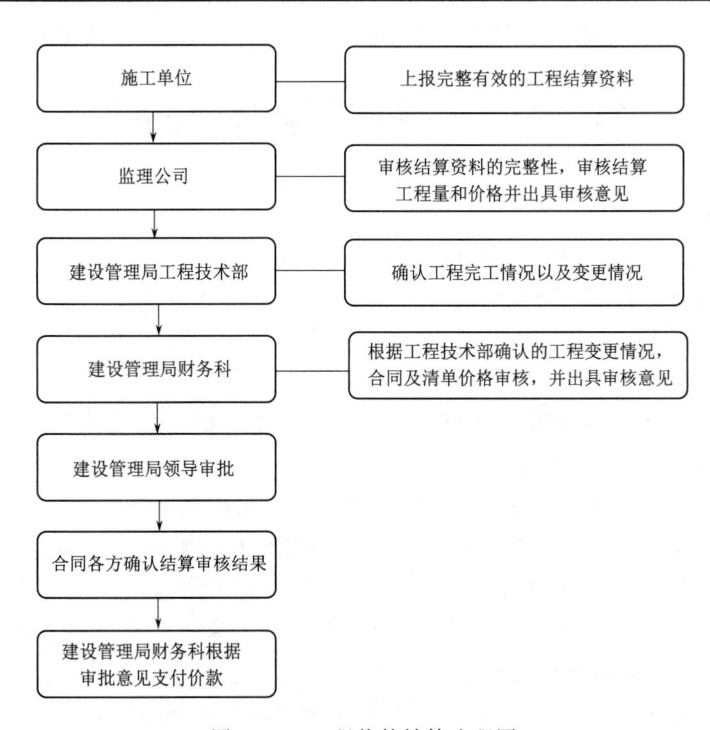

图 9－1 工程价款结算流程图

【案例 9－2】 质量保证金结算流程和风险点的控制

H 省 C 水库工程施工 2 标段的专用合同条款约定预留的质量保证金总额为签约合同价

的3%。具体流程为，在C水库建管局的进度付款中，按专用合同条款的约定预留质量保证金，直至预留的质量保证金总额达到专用合同条款约定的合同总价的3%为止。该工程完工证书颁发后14天内，C水库建管局将质量保证金总额的一半支付给施工2标段施工单位。该工程保修期为一年，承包人按照合同约定的内容完成保修责任，C水库建管局在核实后将剩余的质量保证金支付给H省水利建筑安装工程公司。

质量保证金结算中的风险点主要有以下两点：

第一，质量保证金总预留比例。发包人应按照合同约定方式预留保证金，保证金总预留比例不得高于工程价款结算总额的3%。H省C水库工程施工2标段在2019年签订合同时规定，预留的质量保证金总额为签约合同价的3%。

第二，质量缺陷责任期限，最长不能超过2年。H省C水库工程施工2标段合同约定的质量缺陷责任期（即工程质量保修期）期满时，H省水利建筑安装工程公司未完成质量缺陷责任，C水库建管局将预留质量保证金余额用于延长质量缺陷责任期，直至剩余工作完成。

【案例9-3】　履约保函使用案例

H省C水库工程施工2标段履约担保规定，履约保函金额为合同价的10%。合同中约定担保有效期自C水库建管局与H省水利建筑安装工程公司签订的合同生效之日起至C水库建管局签发工程完工证书之日止。在担保有效期内，因H省水利建筑安装工程公司违反合同约定的义务给C水库建管局造成经济损失时，银行担保人在收到C水库建管局以书面形式提出的在担保金额内的赔偿要求后，无条件地在7天内予以支付。

第四节　常见问题和风险防控

一、常见问题

（一）未按规定提交履约保证金（函）

某项目三至九标招标文件投标人须知，履约担保的形式：现金；履约担保的金额：合同价的10%。某项目三至九标的7家承包人在合同签订前均未提交履约保证金205.75万元。

不符合《中华人民共和国招标投标法》第四十六条“招标文件要求中标人提交履约保证金的，中标人应当提交”的规定。

（二）在已缴纳履约保证金（函）的情况下同时预留质量保证金

2022年10月，在施工单位提交履约保证金的情况下，项目建设单位在支付进度款时，同时预留施工一标、二标工程质量保证金及审计预留金554万元（工程质量保证金5%、审计预留金10%），其中预留施工一标工程质量保证金及审计预留金434.70万元；预留施工二标工程质量保证金及审计预留金119.30万元。

不符合国务院办公厅《关于清理规范工程建设领域保证金的通知》中“全面清理各类保证金。对建筑业企业在工程建设中需缴纳的保证金，除依法依规设立的投标保证金、履约保证金、工程质量保证金、农民工工资保证金外，其他保证金一律取消。对取消的保证金，自本通知印发之日起，一律停止收取”和“在工程项目竣工前，已经缴纳履约保证金的，建设单位不得同时预留工程质量保证金”的规定。

（三）多结算工程进度款

某工程由某县水电建筑工程有限公司承建，某水利电力勘察设计有限责任公司监理，施工标合同价为1,135.09万元。20××年1月15日、20××年3月30日某县水电建筑工程有限公司2次申请防洪闸检修闸门、启闭机设备及安装工程进度款89.15万元，占防洪闸检修闸门、启闭机设备及安装工程单项合同价161.85万元的55%，经监理签证，项目建设单位审批后，支付进度款62.40万元（按合同约定支付进度款的70%）。经现场查看，防洪闸检修闸门、启闭机设备及安装工程尚未实施，多支付承包人工程进度款62.40万元。

不符合《财政违法行为处罚处分条例》第九条“单位和个人有下列违反国家有关投资建设项目规定的行为之一的，责令改正，调整有关会计账目，追回被截留、挪用、骗取的国家建设资金，没收违法所得，核减或者停止拨付工程投资”的规定。

二、风险防控

（一）工程价款结算关键控制点

工程价款结算关键控制点包括履约保证金、质量保证金、预付款保函、预付工程款、工程进度款、工程竣工价款结算。

（二）工程价款结算风险防控

1. 中标人未提交履约保函，不得签订施工合同

履约保证金在合同还没有履约前，交给合同对方，是对合同履约的一种保证。当出现合同不履约或不完全履约时，保证金将受到罚没或部分罚没。从而促使对方履约，保障相对一方的权益。

2. 承包人未提交预付款担保，不得支付工程预付款

依据合同约定，按中标价的10%～30%的比例支付承包人工程预付款，承包人收到预付款后，如果不能用到工程建设方面，就形成了风险。支付承包人预付款前，承包人必须提交等额的预付款担保。

3. 工程价款结算各环节风险防控

（1）工程价款结算的风险表现为多算和重复计算工程量、高估冒算建筑材料价格现象、虚报投资完成等，导致多结算给承包人工程款。

1）严格按照实际完成的工程量结算，并完善工程价款结算手续，规范结算程序。

2）公开招标择优选择社会中介机构对承包商的工程造价进行跟踪审计。

（2）将工程价款结算款支付到非合同约定的收款单位的名称和账号，如果承包人不同意或承包人同意而没有取得证据的，就可能导致风险。收款单位的名称和账号要与签订的合同一致，如有变更，承包人应提交具有法律效力的变更手续。

（3）延期支付给承包方工程款，除影响工程建设进度外，还会给承包人带来一定的损失，承包方要求补偿。项目建设单位要落实到位资金，保证工程用款。严格按照合同约定，及时支付工程款，保证项目顺利实施。

（4）支付工程时，承包人未开具税务发票存在偷税漏税的问题。支付工程款时，承包人必须开具税务发票，承包人未提供税务发票，不得支付工程款。

（5）合同价中暂列金额是指招标人在工程量清单中暂定并包括在合同价款中的一笔款项。用于施工合同签订时尚未确定或者不可预见的所需材料、设备、服务的采购，施工中可能发生的工程变更、合同约定调整因素出现时的工程价款调整以及发生的索赔、现场签证确认等。

暂列金是合同价的组成部分，一般按工程预算总价的2%～5%计列，但不是承包人的承包价，动用时，报经监理单位、项目建设单位审批，未动用的暂列金不是承包人工程价款的结算价。

（6）安全生产费用提取标准和使用范围风险防控。

1）安全生产费用提取标准。《企业安全生产费用提取和使用管理办法》（财企〔2012〕16号）要求安全生产费用提取标准：建设工程施工企业以建筑安装工程造价为计提依据。各建设工程类别安全费用提取标准如下：房屋建筑工程、水利水电工程、电力工程、铁路工程、城市轨道交通工程为2.0%。

2）安全生产费用使用范围：

a. 建设工程施工企业安全费用应当按照以下范围使用：

完善、改造和维护安全防护设施设备支出（不含"三同时"要求初期投入的安全设施），包括施工现场临时用电系统、洞口、临边、机械设备、高处作业防护、交叉作业防护、防火、防爆、防尘、防毒、防雷、防台风、防地质灾害、地下工程有害气体监测、通风、临时安全防护等设施设备支出。

b. 配备、维护、保养应急救援器材、设备支出和应急演练支出。

c. 开展重大危险源和事故隐患评估、监控和整改支出。

d. 安全生产检查、评价（不包括新建、改建、扩建项目安全评价）、咨询和标准化建设支出。

e. 配备和更新现场作业人员安全防护用品支出。

f. 安全生产宣传、教育、培训支出。

g. 安全生产适用的新技术、新标准、新工艺、新装备的推广应用支出。

h. 安全设施及特种设备检测检验支出。

i. 其他与安全生产直接相关的支出。

3）防控措施

a. 项目建设单位不得调减或挪用批准概算中所确定的安全生产费用，应督促承包人落实安全作业环境及安全施工措施费用。项目建设单位制定的安全生产费用管理制度应明确安全费用使用、管理的程序、职责及权限等，并要求施工单位按规定及时、足额使用安全生产费用。

b. 安全生产费用在合同总价中单列，结算与支付施工单位安全生产措施费，要求承包人提供使用安全生产措施费的清单。

第十章　水利基本建设项目收入和结余资金管理

第一节　基本建设收入管理

基本建设收入是指在基本建设过程中形成的各项工程建设副产品变价收入、负荷试车和试运行收入以及其他收入。

一、基本建设收入范围

（1）工程建设副产品变价收入。水利基本建设项目建设过程中产生或者伴生的副产品、试验产品的变价收入。

（2）负荷试车和试运行收入。负荷试车和试运行收入包括水利、电力建设移交生产前的供水、供电、农林建设移交生产前的产品收入等。

（3）其他收入。其他收入包括项目总体建设尚未完成或者移交生产，但其中部分工程简易投产而发生的经营性收入等，以及工程建设期间各项索赔以及违约金等其他收入。

符合验收条件而未按照规定及时办理竣工验收的经营性项目所实现的收入，不得作为项目基建收入管理。

二、基本建设收入应符合有关规定

（1）符合验收条件而未按照规定及时办理竣工验收的经营性项目所实现的收入，不得作为项目基建收入管理。

（2）项目所取得的基建收入扣除相关费用并依法纳税后，其净收入按照国家财务、会计制度的有关规定处理。即：经营性项目基建收入的税后收入，相应转为生产经营单位的盈余公积；非经营性项目基建收入的税后收入，相应转入行政事业单位的其他收入。

三、试运营收入管理

1. 试运行期的确定

（1）引进国外设备的项目按建设合同中规定的试运行期执行。

（2）国内一般性建设项目原则上按照批准的设计文件所规定期执行。个别行业的建设项目试运行期需要超过规定试运行期的，应报项目设计文件审批机关批准。

（3）试运行期一经确定，建设单位应严格按规定执行，不得擅自缩短或延长。建设项目按批准的设计文件所规定的内容建成，应及时组织验收，移交生产或使用。凡已超过批准的试运行期，并已符合验收条件但未及时办理竣工验收手续的建设项目，视同项目已正式投产，其费用不得从基建投资中支付，所实现的收入作为生产经营收入，不再作为基建收入。

2. 试运行收入的确定

负荷试车产品基建收入按产品实际销售收入减去销售费用及其他费用和销售税金后的

纯收入确定。

四、罚没收入处理

各项索赔，违约金等其他收入首先用于弥补工程损失，如有结余，冲减项目建设成本。

第二节 基本建设结余资金管理

结余资金是指项目竣工结余的建设资金，不包括在项目建设期间形成的结转资金。结转资金是指预算未全部执行或未执行，下年需按原用途继续使用的预算资金。

一、结余资金概念

结余资金是指项目竣工结余的建设资金，不包括工程抵扣的增值税进项税额资金。

结余资金的确认：结余资金＝竣工决算审计核定的到位资金－实际完成投资（基本建设支出＝建筑安装工程投资＋设备投资＋待摊投资＋其他投资＋转出投资＋待核销基建支出科目的余额）。

转出投资和待核销基建支出构成投资完成额，但不构成交付使用资产价值。

例如：某项目概算投资 3,000 万元，竣工决算审计核定到位资金 3,000 万元，实际完成投资 2,900 万元（其中建筑安装工程投资 2,000 万元、设备投资 200 万元、待摊投资 600 万元、其他投资 100 万元），则竣工结余资金 100 万元。

二、结余资金管理

结余资金有三类表现形态，分别为实物形态（如库存材料）的结余资金、结算形态（如预付及应收款项）的结余资金、货币形态（如银行存款）的结余资金。管理的重点就是将处于实物形态和结算形态的结余资金，通过规范化清理，转化为货币形态的结余资金，以满足结余资金后续及时上缴财政等处置要求。

经营性项目结余资金，转入单位的相关资产。

非经营性项目结余资金，首先用于归还项目贷款。如有结余，按照项目资金来源属于财政资金的部分，应当在项目竣工验收合格后 3 个月内，按照预算管理制度有关规定收回财政。

项目终止、报废或者未按照批准的建设内容建设形成的剩余建设资金中，按照项目实际资金来源比例确认的财政资金应当收回财政。

第三节 案 例

一、基本建设收入处理合规

某经营性水利建设项目，竣工验收前，项目建设单位将所实现的负荷试车和试运行收入 20 万元作为项目基建收入管理。

二、基本建设结余资金按规定处理

某非经营性项目，资金来源为中央和地方财政投资，竣工财务决算审计核定结余资金 120 万元，项目建设单位及时将结余资金 120 万元上缴财政。

第四节　常见问题和风险防控

一、常见问题

（一）基本建设收入处理不合规

某项目在建设期间发生的各项索赔、违约金等收入10万元，项目建设单位计入“其他应付款”长期挂账，未列入基建收入。

不符合《基本建设财务规则》第二十六条：“项目发生的各项索赔、违约金等收入，首先用于弥补工程损失，结余部分按照国家财务、会计制度的有关规定处理”的规定。

（二）基本建设结余资金未按规定上缴财政

××中心××设施建设项目投资4,820.00万元，全部为中央预算内投资。2018年12月该项目完工。2019年3月，该中心编制完成竣工财务决算，项目实际完成投资4,769.26万元，形成竣工结余资金50.74万元。2019年6月，该项目通过竣工验收，并办理了资产交付使用手续。截至2019年12月31日，该中心仍未将竣工结余资金50.74万元上缴财政。

不符合《基本建设财务规则》第四十八条：“非经营性项目结余资金，首先用于归还项目贷款。如有结余，按照项目资金来源属于财政资金的部分，应当在项目竣工验收合格后3个月内，按照预算管理制度有关规定收回财政”的规定。

二、风险防控

（一）基本建设收入的风险防控

1. 基本建设收入关键控制点

主要包括：基建收入的确认，基建收入的处理。

2. 控制措施

（1）符合验收条件而未按规定及时办理竣工验收的经营性项目所实现的收入，不作为项目基建收入管理。

（2）项目所取得的基建收入应扣除相关费用，依法纳税后，其净收入按照国家财务、会计制度的有关规定处理。基建收入不得直接冲减项目建设成本或列入“其他应付款”科目长期挂账处理。

（3）项目发生的各项索赔、违约金等收入，结余部分按照国家财务、会计制度的有关规定处理。

（二）基本建设结余资金的风险防控

1. 结余资金关键控制点

结余资金的确认和结余资金的处理。

2. 控制措施

（1）经营性项目结余资金，转入单位的相关资产。

（2）非经营性项目结余资金，按规定上缴财政。

（3）项目终止、报废或者未按照批准的建设内容建设形成的剩余建设资金中，按照项目实际资金来源比例确认的财政资金收回财政。

第十一章　水利基本建设项目农民工工资管理

第一节　农民工工资

一、农民工工资概念

农民工是指为水利基本建设项目用人单位提供劳动的农村居民。农民工工资，是指农民工为用人单位提供劳动后应当获得的劳动报酬。

二、农民工工资管理应遵循的原则或要求

（一）应遵循的原则

保障农民工工资支付，应当坚持市场主体负责、政府依法监管、社会协同监督，按照源头治理、预防为主、防治结合、标本兼治的要求，依法根治拖欠农民工工资问题。

（二）管理要求

1. 明确各方责任

（1）政府及相关部门和单位的责任。

1）县级以上地方人民政府对本行政区域内保障农民工工资支付工作负责，建立保障农民工工资支付工作协调机制，加强监管能力建设，健全保障农民工工资支付工作目标责任制，并纳入对本级人民政府有关部门和下级人民政府进行考核和监督的内容。乡镇人民政府、街道办事处应当加强对拖欠农民工工资矛盾的排查和调处工作，防范和化解矛盾，及时调解纠纷。

2）人力资源社会保障行政部门负责保障农民工工资支付工作的组织协调、管理指导和农民工工资支付情况的监督检查，查处有关拖欠农民工工资案件。

3）水利主管部门按照职责履行行业监管责任，督办因违法发包、转包、违法分包、挂靠、拖欠工程款等导致的拖欠农民工工资案件。

4）发展改革等部门按照职责负责政府投资项目的审批管理，依法审查政府投资项目的资金来源和筹措方式，按规定及时安排政府投资，加强社会信用体系建设，组织对拖欠农民工工资失信联合惩戒对象依法依规予以限制和惩戒。

5）财政部门负责政府投资资金的预算管理，根据经批准的预算按规定及时足额拨付政府投资资金。

6）公安机关负责及时受理、侦办涉嫌拒不支付劳动报酬刑事案件，依法处置因农民工工资拖欠引发的社会治安案件。

7）司法行政、自然资源、人民银行、审计、国有资产管理、税务、市场监管、金融监管等部门，按照职责做好与保障农民工工资支付相关的工作。

8）工会、共产主义青年团、妇女联合会、残疾人联合会等组织按照职责依法维护农民工获得工资的权利。

9）新闻媒体应当开展保障农民工工资支付法律法规政策的公益宣传和先进典型的报道，依法加强对拖欠农民工工资违法行为的舆论监督，引导用人单位增强依法用工、按时足额支付工资的法律意识，引导农民工依法维权。

10）人力资源社会保障行政部门和其他有关部门应当公开举报投诉电话、网站等渠道，依法接受对拖欠农民工工资行为的举报、投诉。对于举报、投诉的处理实行首问负责制，属于本部门受理的，应当依法及时处理；不属于本部门受理的，应当及时转送相关部门，相关部门应当依法及时处理，并将处理结果告知举报、投诉人。

（2）项目建设单位的责任。建设单位应当与施工总承包单位依法订立书面工程施工合同，有满足施工所需要的资金安排，建立保障农民工工资支付协调机制和工资拖欠预防机制，成立农民工工资支付管理领导机构组织，设立农民工工资项目现场维权办公室，督促施工总承包单位项目部在项目所在地开设农民工工资专用账户、按规定存储农民工工资保证金或开立农民工工资支付担保，按照合同约定将人工费用及时足额拨付至农民工工资专用账户，督促施工总承包单位加强劳动用工管理，妥善处理与农民工工资支付相关的矛盾纠纷。发生农民工集体讨薪事件的，应当会同施工总承包单位及时处理，并向项目所在地人力资源社会保障行政部门和相关行业工程建设主管部门报告有关情况。

（3）施工总承包单位的责任。施工总承包单位对所承建项目农民工工资负总责，既要确保自身使用的农民工工资及时足额发放，还要对其分包单位拖欠农民工工资负责。

施工总承包单位应当与项目建设单位依法订立书面工程施工合同，与分包单位订立农民工工资书面委托支付协议，建立保障农民工工资支付协调机制和工资拖欠预防机制，成立农民工工资支付管理领导机构和专职部门，设立项目建设现场维权信息告示牌，及时并督促分包单位依法与农民工订立劳动合同或用工书面协议、建立用工管理台账、实行实名制管理，及时将农民工工资管理信息上传至相关主管部门农民工工资支付监管信息系统，在项目所在地开设农民工工资专用账户，按规定存储农民工工资保证金或开立农民工工资支付担保，按照合同约定将人工费用及时申请至农民工工资专用账户，并及时足额支付到分包单位委托代发农民工工资账户，对分包单位拖欠农民工工资的先行垫付，加强自身及分包单位劳动用工管理，妥善处理与农民工工资支付相关的矛盾纠纷。发生农民工集体讨薪事件的，应当会同项目建设单位及时处理，并向项目所在地人力资源社会保障行政部门和相关行业工程建设主管部门报告有关情况。

（4）分包单位的责任。分包单位对所招用农民工的实名制管理和工资支付负直接责任。应当与总承包单位依法订立书面分包合同和农民工工资书面委托支付协议，与农民工订立劳动合同或用工书面协议，建立用工管理台账，实行实名制管理，建立保障农民工工资支付协调机制和工资拖欠预防机制，成立农民工工资支付管理领导组织，按月考核农民工工作量并编制工资支付表，经农民工本人签字确认后，与当月工程进度等情况一并交施工总承包单位，接受施工总承包单位对劳动用工和工资发放等情况监督。

2. 实行农民工工资保证金管理

施工总承包单位应当按照有关规定在工程所在地银行开立农民工工资保证金专用账户

存储农民工工资保证金（或提供银行保函、担保公司保函、工程保证保险），专项用于支付为所承包工程提供劳动的农民工被拖欠的工资。

工资保证金实行差异化存储办法，对一定时期内未发生工资拖欠的单位实行减免措施，对发生工资拖欠的单位适当提高存储比例。

工资保证金的具体存储比例、存储形式、减免措施等具体办法，按项目所在地省人力资源社会保障行政部门规定执行。

3. 设立维权信息告示牌

施工总承包单位应当在施工现场醒目位置设立维权信息告示牌，明示下列事项：

（1）建设单位、施工总承包单位及所在项目部、分包单位、相关行业工程建设主管部门、劳资专管员等基本信息。

（2）当地最低工资标准、工资支付日期等基本信息。

（3）相关行业工程建设主管部门和劳动保障监察投诉举报电话、劳动争议调解仲裁申请渠道、法律援助申请渠道、公共法律服务热线等信息。

第二节　农民工工资管理

一、农民工用工管理

（一）签订用工合同

农民工进场施工前，用人单位（包括直接招用农民工的总承包单位和分包单位）应当依法与农民工订立劳动合同或用工书面协议，并指导农民工和班组长签署进场承诺书和个人工资卡（社保卡）保管承诺书。劳动合同或用工书面协议应明确工作期限、工作地点（或工程建设项目地点）、工作内容、工资标准（计时工资、计件工资、定额工资等）、支付方式、支付时间、考勤方式等内容，并报项目建设单位备案。

（二）建立用工台账

施工总承包单位和分包单位应对现场实际务工的所有农民工实行实名制管理，建立用工管理台账，及时将农民工工资管理信息上传至相关主管部门农民工工资支付监管信息系统。管理台账记录施工现场作业农民工的身份信息、劳动考勤、工资支付等信息，由农民工本人确认签字并保存3年以上备查。

（三）开立专用账户

施工总承包单位应按照银行结算账户管理有关规定，负责在项目所在地银行开设农民工工资专用账户，与项目建设单位、开户银行共同签订资金使用管理三方监管协议，向项目所在地人力资源社会保障部门备案，并及时将专用账户信息上传至主管部门工资支付监管信息系统。开户银行负责日常监管，确保专款专用，发现账户资金被挪用等情况，应及时向项目建设单位、工程所在地人力资源社会保障部门报告。

（四）政府部门监管

人力资源社会保障行政部门负责保障农民工工资的组织、协调、管理和农民工工资支付情况的监督检查，查处有关拖欠农民工工资案件。

水利工程建设主管部门按照职责履行监管责任，督办因违法发包、转包、违法分包、挂靠、拖欠工程款等导致的拖欠农民工工资案件。

二、农民工工资支付

（一）工资支付形式

农民工工资应当以货币形式，通过银行转账或现金支付给农民工本人，不得以实物或者有价证券等其他形式替代，推行银行代发工资制度，实行分包单位农民工工资委托施工总承包单位直接代发至农民工个人工资账户。

农民工工资卡实行一人一卡、本人持卡，用人单位或者其他人员不得以任何理由扣押或者变相扣押。

（二）工资支付依据

用人单位应当按照与农民工书面约定或者依法制定的规章制度规定工资支付周期和具体支付日期足额支付工资。

具体支付日期，可以在农民工提供劳动的当期或者次期，具体支付日期遇法定节假日或者休息日的，应当在法定节假日或者休息日前支付。

实行月、周、日、小时工资制的，按照月、周、日、小时为周期支付工资；实行计件工资制的，工资支付周期由双方依法约定。

（三）建立工资支付台账

按照工资支付周期编制工资支付台账。工资支付台账应当包括：用人单位名称，支付周期，支付日期，支付对象姓名、身份证号码、联系方式，工作时间，应发工资项目及数额，代扣、代缴、扣除项目和数额，实发工资数额，银行代发工资凭证或者农民工签字等内容。

第三节　案　　例

××工程是国务院 172 项重大节水供水项目，工程自 2017 年 9 月批复正式开工建设以来，总体进展顺利。全线 81 个项目总包单位之下有 5000 多个分包单位 14000 多名农民工在现场施工作业，保障农民工工资支付工作任务十分艰巨。在政府部门坚强领导和关心支持下，项目建设单位和各参建单位的共同努力，农民工工资支付管理形势总体稳定，未出现群体性讨薪及上访事件。保障农民工工资支付管理主要措施：

一、建立组织机构体系

工程开工之初就成立由集团公司总经理为组长，分管副总经理为副组长，集团公司相关部门及各建管处负责人为成员的领导小组，在集团和各现场建管处均安排专人负责相关工作，及时传达和宣传国家有关保障农民工工资管理政策，以及各级、各部门关于农民工工资管理的有关文件，督促各参建单位严格落实和执行文件要求。各建管处成立农民工工资维权工作组，负责农民工工资专用账户的管理，监督管理各项目标段农民工工资支付情况。施工企业在项目部成立农民工工资支付管理工作小组，负责农民工工资支付具体管理工作。

二、建立健全管理制度

根据国家有关规定，制定保障农民工工资管理办法，明确农民工是指除在中标总承包单位缴纳社保的管理人员外的所有现场务工人员，包括短期工、计日工、计件工、运输车辆驾驶员、机械设备操作手等，要求总承包单位和分包单位实现“四个100%”，即：实名制管理覆盖率100%、工资打卡发放覆盖率100%、劳动合同签订率100%、总包单位工资代发100%。要求总承包单位必须将农民工工资单独列支并按月向集团公司申请，并在每月合同款申请时汇报当月退场分包单位工资结算情况，没有退场的，进行零报告；进一步强化“黑名单”制度，对于纳入拖欠农民工工资“黑名单”的参建单位，上报主管部门的同时在一定期限内限制其在××工程上的投标。

三、监督管理措施

（一）严格农民工工资保证金和专用账户管理

在合同签订后即督促每个施工单位按规定存储农民工工资保证金或开立农民工工资支付担保；在银行开设农民工工资专用账户，由施工单位与银行、集团公司签订专用账户三方监管协议。所有在建81个项目的施工单位全部存储农民工工资保证金或开立农民工工资支付担保，全部开设了农民工工资专用账户。

（二）实行农民工工资专户管理、专户发放

在每期工程进度款支付时，将经核定的农民工工资和工程款分开，直接转入农民工工资专户，要求所有农民工工资从专户打卡发放，进入农民工工资专户的资金只能用于支付农民工工资。

（三）开展农民工工资穿透式检查

公司在施工单位进场后1～2个月组织的首次履约检查、每季度的综合检查中，均将农民工工资保障工作及相关联的分包合同的穿透式管理作为重要内容进行检查。对于检查中发现的涉及农民工管理及相关联的分包不规范问题，均要求限期进行整改。

（四）切实维护农民工合法权益

在施工单位营地及施工现场制作统一的农民工工资公示牌，对项目各相关单位基本信息、投诉举报渠道以及农民工每月用工考勤情况、工资发放情况进行公示；印发给农民工朋友一封信，让每一个农民工切实了解自己享有的权利，应履行的义务，遇到拖欠工资解决的渠道等。

（五）严厉打击拖欠农民工工资的问题

各建管处和工程沿线市、县保障农民工工资管理主管部门建立联动机制，对收到上访、投诉的拖欠农民工工资事件，第一时间立案处理，对调查属实的施工企业在引江济淮全线进行通报批评，并向其上级主管部门或单位通报，在企业信用评价时给予扣分处理；对拒不整改或整改不到位的报送主管部门进行处罚，情节严重的报请给予不良记录。

第四节 常见问题和风险防控

一、常见问题

（一）施工现场未设立信息告知牌

现场稽察发现，某工程施工现场均未设立农民工维权公示牌，未明示劳动用工相关法律法规、当地最低工资标准、工资支付日期等信息，也未公示农民工工资发放确认表。不符合《保障农民工工资支付条例》第三十四条“施工总承包单位应当在施工现场醒目位置

设立维权信息告示牌，明示下列事项：（一）建设单位、施工总承包单位及所在项目部、分包单位、相关行业工程建设主管部门、劳资专管员等基本信息；（二）当地最低工资标准、工资支付日期等基本信息；（三）相关行业工程建设主管部门和劳动保障监察投诉举报电话、劳动争议调解仲裁申请渠道、法律援助申请渠道、公共法律服务热线等信息”的规定。

规范处理：施工总承包企业负责在施工现场醒目位置设立维权信息告示牌，明示业主单位、施工总承包企业及所在项目部、分包企业、行业监管部门等基本信息；明示劳动用工相关法律法规、当地最低工资标准、工资支付日期等信息；明示属地行业监管部门投诉举报电话和劳动争议调解仲裁、劳动保障监察投诉举报电话等信息，实现所有施工场地全覆盖，接受社会监督。

（二）未按月足额发放农民工工资

某工程于 2019 年 12 月开工，2021 年 8 月 30 日完成合同工程验收。2020 年稽察时，累计应发放农民工工资约 860.00 万元、实际发放 618.20 万元，尚有 2021 年 6 月至 8 月农民工工资 241.80 万元未发放。该工程施工一标施工单位 2021 年 5 月 52 名农民工工资 24.72 万元、6 月 52 名农民工工资 24.72 万元，施工二标施工单位 2021 年 6 月 18 名农民工工资 7.65 万元均未按时发放。不符合《国务院办公厅关于全面治理拖欠农民工工资问题的意见》第三条“明确工资支付各方主体责任。全面落实企业对招用农民工的工资支付责任，督促各类企业严格依法将工资按月足额支付给农民工本人，严禁将工资发放给不具备用工主体资格的组织和个人。在工程建设领域，施工总承包企业（包括直接承包建设单位发包工程的专业承包企业，下同）对所承包工程项目的农民工工资支付负总责，分包企业（包括承包施工总承包企业发包工程的专业企业，下同）对所招用农民工的工资支付负直接责任，不得以工程款未到位等为由克扣或拖欠农民工工资，不得将合同应收工程款等经营风险转嫁给农民工”的规定。

规范处理：发挥新闻媒体宣传引导和舆论监督作用，大力宣传劳动保障法律法规，依法公布典型违法案件，引导企业经营者增强依法用工、按时足额支付工资的法律意识，引导农民工依法理性维权。对重点行业企业，定期开展送法上门宣讲、组织法律培训等活动。充分利用互联网、微博、微信等现代传媒手段，不断创新宣传方式，增强宣传效果，营造保障农民工工资支付的良好舆论氛围。

（三）未约定农民工工资支付时间和支付方式

某工程 EPC 总承包牵头单位与农民工签订了劳务用工合同，合同中约定了工资标准，但未在劳务用工合同中约定农民工工资支付时间和支付方式，也未在规章制度中规定有关内容。不符合《保障农民工工资支付条例》第六条“用人单位实行农民工劳动用工实名制管理，与招用的农民工书面约定或者通过依法制定的规章制度规定工资支付标准、支付时间、支付方式等内容”的规定。

规范处理：用人单位应当按照与农民工书面约定或者依法制定的规章制度规定的工资支付周期和具体支付日期足额支付工资，在合同中必须明确。

（四）未与农民工签订劳动合同且未实行实名制制度

某工程 2021 年 7 月开工，2020 年稽察时，施工单位招用农民工 23 名。未与所招用的农民工签订劳动合同，也未实行实名制管理。不符合《保障农民工工资支付条例》第二十八条“施工总承包单位或者分包单位应当依法与所招用的农民工订立劳动合同并进行用工实名登记，具备条件的行业应当通过相应的管理服务信息平台进行用工实名登记、管理。未与施工总承包单位或者分包单位订立劳动合同并进行用工实名登记的人员，不得进入项目现场施工”的规定。

规范处理：用人单位实行农民工劳动用工实名制管理，与招用的农民工书面约定或者通过依法制定的规章制度规定工资支付标准、支付时间、支付方式等内容。

（五）农民工工资发放记录不真实

现场检查发现，某工程劳务分包单位6月农民工工资发放确认表工资总额为20.00万元，农民工人数37人。抽查6月银行代发汇总清单中农民工工资总额为20.60万元，银行代发汇总清单中有7人与农民工工资发放确认表不符，工资发放表中应发给周某等5人的工资未发放，银行代发汇总清单中发放工资的欧阳某等5人未在工资发放确认表中、共计2.50万元；银行代发汇总清单中张某等2人工资发放与农民工工资发放确认表不一致，实际每人多发0.30万元、共计0.60万元。不符合《保障农民工工资支付条例》第三十一条“工程建设领域推行分包单位农民工工资委托施工总承包单位代发制度。分包单位应当按月考核农民工工作量并编制工资支付表，经农民工本人签字确认后，与当月工程进度等情况一并交施工总承包单位。施工总承包单位根据分包单位编制的工资支付表，通过农民工工资专用账户直接将工资支付到农民工本人的银行账户，并向分包单位提供代发工资凭证”的规定。

规范处理：按照属地管理、分级负责、谁主管谁负责的原则，完善并落实解决拖欠农民工工资问题。省级人民政府负总责，市（地）、县级人民政府具体负责的工作体制。完善目标责任制度，制定实施办法，将保障农民工工资支付纳入政府考核评价指标体系。建立定期督查制度，对拖欠农民工工资问题高发频发、举报投诉量大的地区及重大违法案件进行重点督查。健全问责制度，对监管责任不落实、组织工作不到位的，要严格责任追究。对政府投资工程项目拖欠工程款并引发拖欠农民工工资问题的，要追究项目负责人责任。

二、风险防控

（一）建立农民工工资保证金制度

施工总承包单位按照有关规定，在工程项目所在地银行开立工资保证金专用账户，存储农民工工资保证金，或申请开立银行保函、保证保险等农民工工资支付担保手续，专项用于支付为所承包工程提供劳动的农民工被拖欠的工资。农民工工资专用账户资金和工资保证金不得因支付为本项目提供劳动的农民工工资之外的原因被查封、冻结或者划拨。

施工总承包单位施工合同签订后，项目建设单位应督促施工总承包单位按规定存储农民工工资保证金或开立农民工工资支付担保，并核验相关手续。

（二）建立农民工工资总承包单位代发制度

实行分包单位农民工工资委托施工总承包单位代发制度。分包单位按月考核农民工工作量并编制工资支付表，经农民工本人签字确认后，与当月工程进度等情况一并交施工总承包单位。施工总承包单位根据分包单位编制的工资支付表，通过农民工工资专用账户直接将工资支付到农民工本人的银行账户，并向分包单位提供代发工资凭证。

（三）建立拖欠农民工工资先行垫付制度

施工总承包单位对所承建项目农民工工资负总责，既要确保自身使用的农民工工资及时足额发放，还要对其分包单位拖欠农民工工资负责。分包单位发生拖欠农民工工资的，首先由施工总承包单位垫付，由施工总承包单位在支付分包单位工程进度款中抵扣或自行追回。施工总承包单位逾期不支付农民工工资的，由项目建设单位报政府部门，从其存储的农民工工资保证金中垫付。

（四）加强建设资金监管，规范工程款支付和结算行为

推行工程款支付担保制度，采用经济手段约束建设单位履约行为，预防工程款拖欠。全面推行施工过程结算，按合同约定的计量周期或工程进度结算并支付工程款。工程竣工验收后，对建设单位未完成竣工结算或未按合同支付工程款且未明确剩余工程款支付计划的，建立建设项目抵押偿付制度，对长期拖欠工程款结算或拖欠工程款的建设单位，有关部门不得批准其新项目的开工建设。

第十二章　水利基本建设项目竣工财务决算管理

第一节　竣工财务决算

一、竣工财务决算概念

竣工财务决算是综合反映水利基本建设项目建设成果和财务情况的总结性文件，是计算新增交付使用资产价值、办理资产移交和产权登记、项目竣工验收的重要依据。包括竣工财务决算报表、竣工财务决算说明书以及相关材料。竣工财务决算反映工程和工程建设管理、工程概算执行、资产的形成及移交情况，为工程竣工验收、投资的最终核销提供依据，并为以后的工程运行管理积累技术经济资料。

项目建设单位在项目竣工后，应当及时编制项目竣工财务决算，并按照规定报送项目主管部门。项目设计、施工、监理等单位应当配合项目建设单位做好相关工作。

在实际工作中，少数建设周期长、建设内容多的大型项目，实施单项工程设计的单项工程具备竣工交付使用条件的，可以编报单项工程竣工财务决算；项目全部竣工后应当编报竣工财务总决算。

二、竣工财务决算编制原则和要求

（一）编制原则

竣工财务决算应遵循依法合规、内容真实、数据准确、监督问责原则。

（1）竣工财务决算应遵循依法合规。决算编制中要认真执行国家有关基本建设财务管理规定，遵守财经纪律，对国家规定不准在基建投资中开支的各项费用，不能列入决算。

（2）竣工财务决算应遵循内容真实。竣工财务决算是对建设项目财务活动的最终总结。因此，一定要全面完整、实事求是。项目建设单位要按照审计认定后的支出列入竣工财务决算。

（3）竣工财务决算应遵循依数据准确。竣工财务决算反映内容要以事实为依据，不得编造，相关数据等内容要与财务账簿一致。

（4）竣工财务决算应遵循监督问责原则。建设单位如有不如实编制竣工财务决算，违反规定超概算投资，虚列投资完成额等，根据《会计法》《财政违反行为处罚处分条例》等有关规定追究责任。

（二）编制要求

根据财政部、水利部有关竣工财务决算编制的规定，竣工财务决算的编制在质量、格式、人员、时限等方面应满足相应的要求。

(1) 质量要求。项目建设单位要严格执行基本建设财务管理和《规程》规范的要求，满足竣工财务决算编制条件后，及时编制竣工财务决算。遵循决算编制程序，填列的数据要可靠，表间关系要清晰，提高工作效率和编制质量。

(2) 格式要求。竣工财务决算的编制应严格执行《规程》规定的内容和格式，建设单位不得擅自改变规定的格式。

财政格式的要求：对需要报送财政部门审批的水利基本建设项目，应编写财政格式的竣工财务决算。由于《规程》确定的决算编制内容比财政部规定的编制内容全面、完整。财政格式竣工财务决算的全部指标，均可直接在《规程》要求编制的决算报表中查找到，因此，按照《规程》编制竣工财务决算后，能够轻易地转化为财政格式的竣工财务决算。

(3) 人员要求。大中型项目自项目筹建起，应在财务部门指定专人负责竣工财务决算编制的日常工作，并与各业务部门做好相关资料和数据的分析和衔接。项目完成并满足竣工财务决算编制条件后，及时组建竣工财务决算编制的临时机构，全面负责竣工财务决算编制所涉及的各项工作。机构成员应由单位负责人、财务人员、各业务部门的相关专业技术人员组成并做好业务分工。将竣工财务决算编制的具体职责明确到人。做好决算编制人员的业务培训并保持人员稳定。

(4) 时限要求。基本建设项目完工可投入使用或者试运行合规后，应当在3个月内编报竣工财务决算，特殊情况需要延长的，中小型项目不得超过2个月，大型项目不得超过6个月。

《水利部基本建设项目竣工财务决算管理暂行办法》第十五条规定，大中型工程类项目竣工财务决算应在满足编制条件后三个月内完成，小型工程类项目竣工财务决算和非工程类项目竣工财务决算编制应在满足编制条件后一个月内完成。若有特殊情况无法在规定期限内完成的，应说明理由和延期时间，报经竣工验收主持单位同意，其中大中型工程类项目和投资额1,000万元以上的非工程类项目延期需报水利部同意。

第二节 竣工财务决算管理

一、编制依据

明确编制依据是编制竣工财务决算的关键环节。竣工财务决算编制的基本依据有：国家有关法律法规；经批准的可行性研究报告、初步设计、概算及概算调整文件；招标文件及招标投标书，施工、代建、勘察设计、监理及设备采购等合同，政府采购审批文件、采购合同；历年下达的项目年度财政资金投资计划、预算；工程结算资料；有关的会计及财务管理资料；其他有关资料。

二、主要内容

(一) 组成

竣工财务决算封面及目录；竣工工程平面示意图及主体工程照片；竣工财务决算说明书；竣工财务决算报表；其他资料。

(二) 说明书主要内容

项目基本情况；年度投资计划、预算（资金）下达及资金到位情况；概（预）算执行情况；招（投）标、政府采购及合同（协议）执行情况；征地补偿和移民安置情况；重大设计变更及预备费动用情况；尾工工程投资及预留费用情况；财务管理情况；审计、稽察、财务检查等发现问题及整改落实情况；绩效管理情况；其他需说明的事项；报表编制说明。

（三）水利基本建设项目竣工财务决算报表

包括以下9张表格：

（1）水利基本建设项目概况表；

（2）水利基本建设项目财务决算表及附表；

（3）水利基本建设项目投资分析表；

（4）水利基本建设项目尾工工程投资及预留费用表；

（5）水利基本建设项目待摊投资明细表；

（6）水利基本建设项目待摊投资分摊表；

（7）水利基本建设项目交付使用资产表；

（8）水利基本建设项目待核销基建支出表；

（9）水利基本建设项目转出投资表。

三、编制程序和方法

（一）编制程序

竣工财务决算编制工作可分为三个阶段：编制准备阶段；编制实施阶段；编制完成阶段。小型工程、非工程类项目可适当简化编制程序。

竣工财务决算编制准备阶段完成主要工作有：制定竣工财务决算编制方案；收集整理与竣工财务决算相关的项目资料；竣工财务清理；确定竣工财务决算基准日期。

竣工财务决算编制实施阶段完成主要工作有：计列尾工工程及预留费用；概（预）算与核算口径对应分析；分摊待摊投资；确认资产交付。

竣工财务决算编制完成阶段完成主要工作有：填列竣工财务决算报表；编写竣工财务决算说明书。

（二）编制方法

1. 制定编制方案

工作方案应明确主要内容：组织领导和职责分工；竣工财务决算基准日期；编制具体内容；计划进度和工作步骤；技术难题和解决方案等。

2. 收集整理资料

收集整理主要资料包括：会计凭证、账簿和会计报告；内部财务管理制度；初步设计(项目任务书)、设计变更、预备费动用等相关资料；年度投资计划、预算（资金）文件；招投标、政府采购及合同（协议）；工程量和材料消耗统计资料；建设征地移民补偿实施及资金使用情况；价款结算资料；项目验收、成果及效益资料；审计、稽察、财务检查结论性文件及整改资料。

3. 竣工财务清理

竣工财务清理应完成以下主要事项：合同（协议）清理。清理各类合同（协议）的结算和支付情况，并确认其履行结果；债权债务清理。应收（预付）款项的回收、结算以及应付款项的清偿；结余资金清理。将实物形态的基建结余资金转化为货币形态或转为应移交资产；应移交资产清理。清查盘点应移交资产，确认资产信息并做到账实相符。

4. 确定基准日期

竣工财务决算基准日期应依据资金到位、投资完成、竣工财务清理等情况确定。竣工财务决算基准日期宜确定为月末。竣工财务决算基准日期确定后，与项目建设成本、资产价值相关联的会计业务应在竣工财务决算基准日之前入账。

5. 计列尾工工程及预留费用

尾工工程及预留费用应满足项目实施和管理的需要，以项目概（预）算、任务书、合同（协议）等为依据合理计列。已签订合同（协议）的，应按相关条款的约定进行测算；尚未签订合同（协议）的，尾工工程投资和预留费用金额不应突破相应的概（预）算。尾工工程投资不得超过批准的项目概（预）算总投资的5%。

6. 概（预）算与会计核算对应分析

大型工程应按概（预）算二级项目分析概（预）算执行情况；中型工程应按概（预）算一级项目分析概（预）算执行情况。会计核算与概（预）算的口径差异应予以调整。

7. 分摊待摊投资

待摊投资应分摊计入资产价值、转出投资价值和待核销基建支出。其中：能够确定由某项资产负担的待摊投资应直接计入该资产成本；不能确定负担对象的待摊投资，应分摊计入受益的各项资产成本。分摊待摊投资可采用按实际数的比例分摊和按概算数的比例分摊。

8. 确认交付使用资产

交付使用资产应以具有独立使用价值的固定资产、流动资产、无形资产、水利基础设施等作为计算和交付对象，并与接收单位资产核算和管理的需要相衔接。

作为转出投资或待核销基建支出处理的相关资产，项目建设单位应当与有关部门明确产权关系，并在竣工财务决算说明书和竣工财务决算报表中说明。

项目建设单位购买的自用固定资产直接交付使用单位的，应按自用固定资产购置成本或扣除累计折旧后的金额转入交付使用。全部或部分由尾工工程形成的资产应在竣工财务决算报表中备注，并在竣工财务决算说明书中说明。群众投劳折资形成的资产应在竣工财务决算说明书中说明。

9. 填列报表

填列报表前应核实数据的真实性、准确性。竣工财务决算报表应采用以下主要数据来源：概（预）算等设计文件；年度投资计划和预算文件；会计账簿及辅助核算资料；项目统计资料；竣工财务决算编制各阶段工作成果。

填列报表后，项目建设单位应对竣工财务决算报表进行审核，主要包括以下事项：报表及各项指标填列的完整性；报表数据与账簿记录的相符性；表内的平衡关系及报表之间的勾稽关系。

10. 编写说明书

竣工财务决算说明书应做到反映全面、重点突出、真实可靠。按照规定的内容应逐条予以说明，重点反映需要说明事项的主要经过与结果，以事实为依据，不允许与报表之间相互矛盾。

四、项目竣工决算审计

（一）概述

竣工决算审计是指水利基本建设项目竣工验收前，水行政主管部门的同级水利审计部门对其竣工决算的真实性、合法性和效益性进行的审计监督和评价。竣工决算是水利建设资金运动的终点，通过竣工决算审计督促建设资金全部落实到位，及时分配处理结余资金，办理竣工资产移交手续，收回核减的工程投资，为工程竣工验收提供依据。

水利基本建设项目竣工验收主持单位的水利审计部门是其竣工决算审计的审计主体。建设单位应接受水利审计部门对其负责建设的建设项目开展竣工决算审计。建设项目主管部门、设计、施工、监理等相关单位应做好审计配合工作。

由水利部及相关部门组织或主持验收的水利基本建设项目的竣工决算审计，除有专门要求外，一般由水行政主管部门的同级水利审计部门负责组织审计。其他水利基本建设项目的竣工决算审计，由主持该水利基本建设项目竣工验收的水行政主管部门的同级水利审计部门负责审计。

（二）审计内容

竣工决算审计内容需结合建设项目的类型、规模、管理体制等确定，审计内容一般应包括主要环节的建设管理、资金运动的主要流向及概算执行情况等。具体内容主要有：项目批准及管理体制审计；计划、资金及概算执行审计；基本建设支出审计；土地征用及移民安置资金审计；未完工程投资及预留费用审计；交付使用资产审计；基建收入审计；资金构成审计；招标投标及政府采购审计；合同管理审计；建设监理审计；财务管理审计和竣工财务决算编制审计。

另外，审计还对工程在建设过程中各类审计、稽察、财务检查等各类监督检查发现的问题整改落实情况进行跟踪审计，主要审计整改落实的措施及效果，整改落实情况是否以适当的方式反馈给各监督检查主体。

（三）审计配合

一是明确一名负责人负责竣工决算审计工作，各单位要明确财务人员和工程管理人员负责审计工作的协调联系；二是及时提供资料，按照审计需要及时提供资料并对提供资料的真实性、完整性、及时性负责；三是提供各种工作条件，建设单位应为竣工决算审计工作提供必要的工作条件；四是做好解释说明，建设单位应及时安排熟悉情况的人员做好有关事项的解释说明工作；五是及时反馈意见，对审计部门出具的审计征求意见，建设单位应在要求的期限内反馈意见。

五、竣工财务决算上报审批

竣工财务决算上报审批是指水利基本建设项目竣工财务决算编制完成后，按要求报送上级主管部门或同级财政部门审批的过程。

（一）上报条件

竣工财务决算上报应具备以下条件：项目通过了竣工验收或审查验收；项目竣工财务决算报告按照《规程》要求编制完成，并已通过了审查和审计；项目建设单位已按审查、审计和验收提出的问题完成了整改落实。

（二）上报时间

工程类项目竣工验收完成后三十个工作日内，非工程类项目审查验收完成后十五个工作日内，项目建设单位应将竣工财务决算上报至上级单位。

（三）上报程序

各单位应按财务隶属关系在收到竣工财务决算十个工作日内转报上级单位。水利部及直属单位对其所属单位上报的竣工财务决算进行审核审批。权限内的项目，审核后批复；权限以外的项目，审核后转报。

项目建设单位在项目竣工后，应当及时编制项目竣工财务决算，并按照规定报送项目主管部门。

中央项目竣工财务决算，由财政部制定统一的审核批复管理制度和操作规程。中央项目主管部门本级以及不向财政部报送年度部门决算的中央单位的项目竣工财务决算，由财政部批复；其他中央项目竣工财务决算，由中央项目主管部门负责批复，报财政部备案。国家另有规定的，从其规定。

地方项目竣工财务决算审核批复管理职责和程序要求由同级财政部门确定。

（四）上报资料

竣工财务决算上报审批应正式行文，竣工财务决算应随文上报。项目建设单位上报竣工财务决算应包括以下资料：竣工财务决算；项目竣工验收（审查验收）鉴定书或验收意见；竣工财务决算审查意见；竣工决算审计结论及整改落实情况；对同竣工决算审计结论有调整的事项要详细说明；未完工程投资及预留费用安排使用情况；债权债务清理情况；审批单位要求提供的其他资料等。

第三节　案　　例

一、竣工财务决算编制程序和方法

H省C水库工程总投资986,960万元，其中，中央资金503,840万元、地方资金438,378万元、银行贷款44,742万元。工程主要建设内容为：黏土心墙砂砾石坝、混凝土重力坝、副坝（1号、2号、3号、4号土坝）、电站、南灌溉洞、北灌溉洞、交通工程、水土保持工程、生态基流放水设施等土建以及相应的金结机电制安和安全监测设施等。C水库工程已按批准的设计内容建设完成。2023年3月，本工程通过相关部门主持的竣工验收。

根据项目基本情况，本部分案例具体编制项目竣工财务决算。竣工财务决算编制工作可分为三个阶段：编制准备阶段；编制实施阶段；编制完成阶段。小型工程、非工程类项目可适当简化编制程序。

（一）编制准备阶段

竣工财务决算编制准备阶段完成主要工作有：制定竣工财务决算编制方案；收集整理与竣工财务决算相关的项目资料；竣工财务清理；确定竣工财务决算基准日期。项目建设单位应在项目完建后规定的期限内完成竣工财务决算的编制工作。

按照确定的2023年实现竣工验收这一目标，为了推进C水库工程竣工财务决算工作，H省C水库建管局开展了两项工作：

（1）经水利厅审计后启动财务竣工决算工作。2022年6月17日，C水库建管局制定并下发了《H省C水库建设管理局关于制定竣工财务决算编制工作方案的通知》，成立了编制工作机构，明确了各部门的职责、工作程序、时间节点和工作要求，为完成竣工财务决算奠定了基础。

（2）向H省水利厅审计处申请竣工决算审计。C水库建管局于2022年5月10日上报了《关于C水库工程竣工决算审计的请示》，水利厅于5月下旬向水利部上报了《关于申请对C水库工程进行竣工决算审计的请示》，水利部于6月15日复函水利厅，要求水利厅按照政府采购等制度规定及有关条件，选取社会中介机构，并形成审计工作方案报部审计室。由水利部审计室成立审计组，按照程序下达审计通知书，适时开展审计。

（二）编制实施阶段

项目建设单位是竣工财务决算编制的主体和责任人，建设单位的领导必须高度重视，组织协调财务、计划、建管等部门和参建单位做好竣工决算的编制工作。建设单位的相关部门要各司其职，各负其责。财务部门要及时向建设管理部门提出编报竣工决算的建议，建设管理部门要根据建设工期和合同完成建设任务，及时正式以书面形式通知财务部门编报竣工决算的项目，财务部门根据建设管理部门的通知及时编报竣工决算。

竣工财务决算编制实施阶段完成主要工作有：计列尾工工程及预留费用；概（预）算与核算口径对应分析；分摊待摊投资；确认资产交付。基本建设项目竣工财务决算具体由项目建设单位负责编制。

为了完成工程贷款工作，确保下达的投资计划全部到位。2021年上半年，在主管部门大力支持下，同意C水库建管局通过将C水库25年供水收费权转让的方式获得贷款3.98亿元，实现了投资计划下达与资金到位的一致。

为保证国有资产的安全完整、便于摸清家底，根据竣工决算编制前置条件及有关要求，C水库建管局于2021年2月28日制定了《××省××水库建设管理局关于开展资产盘点工作的通知》，按照盘点方案，于2021年上半年完成了局属自用资产的盘点工作。

在开展往来账务的清理工作方面，按照规定，C水库建管局于2022年8—9月进行了往来款项的清理工作，首先是财务科对账面往来款项进行了逐一清理，然后通知各科室对未完合同项目进行清理，对未完经济事项在完善手续后限期报财务科入账，力求做到应支尽支、应列尽列。

（三）编制完成阶段

竣工财务决算编制完成阶段完成主要工作有：填列竣工财务决算报表；编写竣工财务决算说明书。

在前期各项工作完成的基础上，C水库建管局以2022年12月31日为基准日，完成了竣工财务决算报表的编制工作，并完成报表初稿并提供给审计组审计。2023年初审计组完成竣工财务决算审计、并将审计结果报送水利部，水利部随后下发了《水利部审计室关于对H省C水库工程竣工决算的审计意见》。按照审计意见，C水库建管局在落实整改工作的基础上对竣工决算报表进行修改完善，并于2023年3月中旬完成竣工决算编制工作。

二、竣工财务决算相关成果

本案例竣工财务结算相关成果分为五个部分：

（1）竣工财务决算封面及目录。

（2）竣工工程平面示意图和工程主体照片（略）。

（3）竣工财务决算说明书（略）。

（4）竣工财务决算报表。

（5）其他资料。

第四节　常见问题和风险防控

一、常见问题

（一）未及时编制竣工财务决算

2017年10月，××管理局新建××水库，批复概算投资1.47亿元。2019年7月水库建成并投入使用，8月该局某水库暂估入账，价值1.47亿元。截至2020年12月31日，该局仍未编制竣工财务决算。

不符合《基本建设项目竣工财务决算管理暂行办法》“第二条 基本建设项目完工后投入使用或者试运行合格后，应当在3个月内编报竣工财务决算，特殊情况确需延长的，中小型项目不得超过2个月，大型项目不得超过6个月”的规定。

（二）不以实际到位资金作为依据编制竣工财务决算

2017年8月，××管理局新建××水库，批复概算投资2.45亿元。2019年7月水库建成并投入使用，××管理局在编制竣工财务决算时，未到位的地方配套资金880万元，因有地方配套资金不到位，不符合竣工财务决算的编制条件，项目建设单位在实际处理时，借：其他应收款（应收地方配套资金）880万元，贷：基建拨款880万元，并登记账簿，认作地方配套资金到位，在竣工财务决算中反映。

不符合《规程》对竣工财务决算编制应真实完整的要求，竣工财务决算应真实反映建设资金的来源和运动情况，对未到位的建设资金不能通过挂往来款项的方式视同资金到位。

（三）预留未完工程投资依据不足

2017年3月，××管理局新建××水库，批复概算投资3.01亿元。2021年2月水库建成并投入使用，××管理局在编制竣工财务决算时，预留了后方基地建设投资900万元，而概算中的所有建设工程已全部实施完成。

不符合《基本建设项目管理规则》“第三十八条 项目一般不得预留尾工工程，确需预留尾工工程的，尾工工程投资不得超过批准的项目概（预）算中投资的5%”的规定。

（四）预留的未完工程投资及预留费用数量较大

某项目总投资19,320万元，在编制竣工财务决算时，预留的未完工程投资及预留费用共计3,725万元，未完工程投资及预留费用占概算的19.28%，大大超过了《规程》规定的标准。

不符合《基本建设项目管理规则》"第三十八条 项目一般不得预留尾工工程，确需预留尾工工程的，尾工工程投资不得超过批准的项目概（预）算中投资的5%"的规定。

二、风险防控

（一）竣工财务决算编制风险点

在编制决算过程中，建设单位不如实编制竣工财务决算，违反规定超概算投资，虚列投资完成额；资产物资、债权债务处置不合规；结余资金不按规定上缴；未按照规定对决算进行审查、审计等。

（二）控制措施

1. 建立竣工决算控制制度

对竣工决算的编制、审计、审核和验收等作出明确规定，确保决算完整、真实。

2. 加强决算编制控制

建设项目完工后，项目建设单位应在规定期限内及时编制竣工财务决算。

财务部门牵头组织，项目建设单位内设相关部门和设计、施工、监理等单位应积极配合做好相关工作。

财务部门应及时清理、跟踪检查，及时掌握项目竣工财务决算情况，督促各部门（单位）抓紧办理决算相关手续，提升决算编制质量。

3. 加强决算审查控制

竣工验收主持单位的财务部门应重点审查决算编制依据、相关文件资料的完备性，编制方法和内容的真实合规性，决算清理是否完成等。必要时应组织专家或委托具有相关资质和相应专业人员的社会中介机构及有能力的单位开展竣工财务决算审查。

4. 加强决算审计控制

通过公开招标等方式择优选择审计机构进行决算审计，将审计质量与审计费用挂钩，严控竣工决算审计质量。未经竣工决算审计的建设项目，不得申请竣工验收、办理资产移交。

第十三章　水利基本建设项目资产交付管理

第一节　资　产　交　付

一、资产交付概念

资产交付是指项目竣工验收合格后，将形成的资产交付或者转交生产使用单位的行为。交付使用的资产包括水利基础设施、固定资产、流动资产、无形资产等。

二、资产交付要求

项目竣工验收合格后应当及时办理资产交付使用手续，并依据批复的项目竣工财务决算进行账务调整。各单位接收的基建移交资产，应纳入本单位资产存量进行统计，根据相关配置标准调整本单位资产配置计划。

(一）水利基础设施管理要求

(1）科学合理确定基建项目形成资产的价值。准确核算基建项目投资成本，科学分摊相关费用，合理确定形成资产价值。

(2）明确资产形成各阶段管理责任，落实责任主体，建立健全管理制度，保证基建项目形成资产的安全完整。

(3）按照基建项目初步设计、财政部相关政策及管理要求，科学划分资产类别，合理确定各类资产的价值。

(4）工程竣工验收后应及时移交基建项目形成资产，保证国家投资效益。

(二）固定资产管理要求

(1）完善资产管理制度。要建立健全资产配置、验收、入库、领用、使用及处置等资产管理各环节的管理制度，堵塞管理漏洞。

(2）加强资产配置管理。严格执行国家和上级制定的有关资产配置标准，没有配置标准的要从严控制。

(3）做好资产验收、入库、登记、盘点及领用等日常管理。要明确资产管理责任，并落实到部门和岗位。

(4）规范资产出租出借、对外投资等使用管理。资产出租出借、对外投资要在科学合理的可行性论证基础上，经集体研究决定，并按规定报上级批准。

(5）严格履行资产处置审批程序。资产处置是国有资产的退出，应严格执行资产处置的规定和流程，未经批准，不得擅自处置国有资产。

第二节　资产交付管理

交付使用资产为建设单位已经完成购置或建造过程，并已交付或结转给生产、使用单位的各项资产。

一、确认交付对象

资产交付对象的确定应以“具有独立使用价值”为核心，将具有独立使用价值的水利基础设施、固定资产、流动资产、无形资产作为交付对象。独立使用价值的确定依据是具有较完整的使用功能，能够按照设计要求，独立地发挥作用。

二、计算交付使用资产价值

计算交付使用资产价值，应以具有独立使用价值的水利基础设施、固定资产、流动资产、无形资产成本归集对象，根据会计核算和费用与成本归集对象的关系，按程序计算和确认资产价值。能够确定由某项资产负担的支出，应直接计入该资产成本；不能确定负担对象的支出，应由受益的各项交付使用资产共同负担，分摊计入受益的各项资产成本。不需安装的设备、流动资产、无形资产，其资产价值直接根据编制基准日的会计账簿的相关会计科目分析确定。

支出属于整个建设项目或两个以上单项工程的，在计算新增固定资产价值时，应在各单项工程中按比例分摊。分摊对象有四类：房屋及构筑物、需要安装的专用设备、需要安装的通用设备、其他固定资产。

交付使用资产成本，按下列内容计算：

（1）房屋、建筑物、管道、线路等固定资产的成本，包括建筑工程成本、应分摊的待摊投资。

（2）动力设备和生产设备等固定资产的成本，包括需要安装设备的采购成本、安装工程成本、设备基础、支柱等建筑工程成本或砌筑锅炉及各种特殊炉的建筑工程成本、应分摊的待摊投资。

（3）运输设备及其他不需要安装设备、工具、器具、家具等固定资产和流动资产的成本，一般仅计算采购成本，不分摊待摊投资。

（4）流动资产、无形资产的成本，一般按取得或发生时的实际成本计算，不分摊待摊投资。

（5）全部或部分由未完工程投资形成的资产，应在竣工财务决算报表中备注，并在竣工财务决算说明书中说明。

（6）群众投劳折资形成的资产，应在竣工财务决算说明书中说明。

三、移交及手续

编制竣工财务决算时，要按“接收单位”分别编制“水利基本建设项目交付使用资产表”。其中，项目资产移交多个接收单位的，应另行编制交付使用资产表汇总表，反映项目的接收单位及其各单位接收的资产价值总额。经批复的“水利基本建设项目交付使用资产表”，作为接收单位接收资产的入账依据。

资产移交应履行必要的程序和手续，要逐项落实每项资产的接收单位，保证资产移交的程序和手续合法，分清资产移交过程中的法律责任。

四、待核销基建支出

（一）非经营性项目

非经营性项目发生的江河清障疏浚、航道整治、飞播造林、退耕还林（草）、封山（沙）育林（草）、水土保持、城市绿化、毁损道路修复、护坡及清理等不能形成资产的支出，以及项目未被批准、项目取消和项目报废前已发生的支出，作为待核销基建支出处理。

非经营性项目发生的农村沼气工程、农村安全饮水工程、农村危房改造工程、游牧民定居工程、渔民上岸工程等涉及家庭或者个人的支出，形成资产产权归属家庭或者个人的，作为待核销基建支出处理。

非经营性项目移民安置补偿中由项目建设单位负责建设并形成的实物资产，产权归属移民的，作为待核销基建支出处理。

（二）经营性项目

经营性项目发生的项目取消和报废等不能形成资产的支出，以及设备采购和系统集成（软件）中包含的交付使用后运行维护等费用，按照国家财务、会计制度的有关规定处理。

五、转出投资

形成资产产权归属本单位的，计入交付使用资产价值；形成资产产权不归属本单位的，作为转出投资处理。非经营性项目为项目配套建设的专用设施，包括专用道路、专用通讯设施、专用电力设施、地下管道等，产权归属本单位的，计入交付使用资产价值；产权不归属本单位的，作为转出投资处理。

（一）非经营性项目

非经营性项目移民安置补偿中由项目建设单位负责建设并形成的实物资产，产权归属集体或者单位的，作为转出投资处理。

（二）经营性项目

经营性项目为项目配套建设的专用设施，包括专用铁路线、专用道路、专用通讯设施、专用电力设施、地下管道、专用码头等，项目建设单位应当与有关部门明确产权关系，并按照国家财务、会计制度的有关规定处理。

第三节　案　　例

2019年6月，相关部门批复了《H省C水库工程初步设计报告》，报告核定C水库工程总投资986,960万元。2022年项目建成并通过验收。形成资产986,960万元，其中水利基础设施980,840万元、固定资产6,108万元，流动资产12万元。资产已由项目建设单位移交给管理单位，并办理了移交手续。

第四节　常见问题和风险防控

一、常见问题

（一）交付使用资产不分类和分别计价

××项目为新建水闸，建设的主要内容有闸体、河道开挖、闸门设备制造及安装、启闭机制造及安装、监控系统、管理设施等，总投资900万元。在编制项目竣工财务决算时，交付使用资产表上只反映一项资产“固定资产—建筑物—××水闸”。

不符合《水利基本建设项目竣工财务决算编制规程》，“交付使用资产表应根据资产名称的分类，结合项目具体情况，确定本项目交付资产的目录清单，并按目录清单填列具体的资产名称”的规定。

（二）交付使用资产计价不合理

××项目在编制竣工财务决算时，将应按比例分摊的勘察设计费、工程监理费980万元等，直接计入部分建筑物的资产价值中，造成交付使用资产计价不准确。

不符合《水利基本建设项目竣工财务决算编制规程》“待摊投资能够确定由某项资产负担的，待摊投资应直接计入该资产成本；不能确定负担对象的，待摊投资应分摊计入收益的各项资产成本”的规定

（三）未及时交付资产

2019年2月，××管理处××基础设施工程全部完工。5月，管理处编制完成竣工财务决算。8月该项目竣工验收合格，建成的道路、桥梁等均已投入使用。截至2019年12月31日，仍未办理资产交付使用手续。

不符合《基本建设项目管理规则》“第四十二条 项目竣工验收合格后应当及时办理资产交付使用手续，并依据批复的项目竣工财务决算进行账务调整”的规定。

二、风险防控

（一）风险点

超概算、超标准购置资产；未按规定登记入库、入账，造成国有资产流失；违规领用、占用国有资产归个人使用或从事营利活动；资产移交对象不符合规定等。重大资产处置未按规定办理。

（二）防控措施

（1）建立健全资产采购申请、审批、采购、验收、报销等工作流程；明确采购人、验收人等的责任、落实责任追究制度；对虚假购置、超标购置等违规的部门或单位，一经发现，暂缓审批其下一年度资产购置申请；建立健全购置、捐赠、调拨等新增资产验收入库和入账的工作流程；建立和完善单位资产管理信息系统，及时变化资产动态信息；修订和完善资产配置标准。

（2）建立资产领用借用交还的制度；对违规人领用、逾期不交人员进行通报和严肃处理；定期开展资产盘点，保证账实相符；建立资产损坏报修、费用报销的审核流程，重大资产损坏报修由资产管理部门参与查验；推行定点维修；委托专业机构对资产清查范围、结果进行审核、审计；追究资产清查有关人员虚报瞒报等的责任；加强资产日常管理，定期进行资产清查。

（3）严格资产处置申报审批工作流程，建立内部牵制机制；重大资产处置事项实行专家评审制度；根据规定进行资产评估；严格待核销的货币性资产实行严格的审查报批程序；严格执行货币性资产处置的有关规定，如实提供资产处置的相关资料。对专业设备性强的资产报废要经专业部门鉴定。按照规定进场交易；实行资产处置事项和处置结果公示制度。专人负责处置收入管理；建立处置收入台账；定期对处置收入进行专项检查。

第十四章　水利基本建设项目绩效管理

第一节　项目绩效管理要求

水利基本建设项目绩效评价是指财政部门、项目主管部门根据设定的项目绩效目标，运用科学合理的评价方法和评价标准，对项目建设全过程中资金筹集、使用及核算的规范性、有效性，以及投入运营效果等进行评价的活动。

一、项目绩效和绩效管理

项目绩效反映项目应实现的目标和功能指标。项目绩效管理是指根据指向明确、细化量化、合理可行、相应匹配的要求设定绩效目标，在预算执行过程中开展监控，运用科学、合理的绩效评价指标、评价标准和方法，对预算资金支出的经济性、效率性和效益性进行评价，并对评价结果进行有效运用的管理活动。

项目绩效管理的主要环节包括设定绩效目标、实施绩效监控、开展绩效评价以及评价结果的运用。

二、项目绩效管理遵循的原则

(1) 项目绩效管理应当坚持科学规范、公正公开、分级分类和绩效相关的原则，坚持经济效益、社会效益和生态效益相结合的原则。

1) 科学规范。绩效管理应当运用科学合理的方法，按照规范的程序进行。

2) 公正公开。绩效评价应对项目绩效进行客观、公正的反映，评价结果应依法依规公开，并自觉接受社会监督。

3) 分级分类。绩效管理应根据管理对象特点分类别组织实施。

4) 绩效相关。项目支出与其产出之间要有紧密相关关系，坚持产出效益与社会效益、生态效益相结合。

(2) 定量分析与定性分析相结合的原则。基本建设项目绩效评价应以定量分析为主，定性分析为辅。

三、项目绩效管理的目的

实施项目预算绩效管理，目的是通过一系列管理活动，从数量、质量、时效、成本、效益等方面，综合衡量政策和项目预算资金使用效果，进而提高预算执行效率和项目资金使用效益。

第二节　项目绩效管理内容

一、设定绩效目标

项目绩效目标是指水利基本建设项目资金计划在一定期限内达到的产出和效果。设定绩效目标是项目建设单位按照预算管理和绩效目标管理的要求，编制绩效目标并向财政部门报送绩效目标的过程。绩效目标是预算安排、实施绩效监控、开展绩效评价等的重要基础和依据。

（一）设定绩效目标的要求

（1）指向明确。项目绩效目标要符合项目发展规划，并与相应的项目资金支出内容、范围、方向、效果等紧密相关。

（2）细化量化。绩效目标应当从数量、质量、成本、时效以及经济效益、社会效益、生态效益、可持续影响、满意度等方面进行细化，尽量进行定量表述。不能以量化形式表述的，可采用定性表述，但应具有可衡量性。

（3）合理可行。设定绩效目标时要经过调查研究和科学论证，符合客观实际，能够在一定期限内如期实现。

（4）相应匹配。绩效目标要与计划期内的任务数或计划数相对应，与项目预算确定的投资额或资金量相匹配。

（二）项目绩效目标的设定方法

（1）对项目的功能进行梳理，包括资金性质、预期投入、支出范围、实施内容、工作任务、受益对象等，明确项目的功能特性。

（2）依据项目的功能特性，预计项目实施在一定时期内所要达到的总体产出和效果，确定项目所要实现的总体目标，并以定量和定性相结合的方式进行表述。

（3）对项目支出总体目标进行细化分解，从中概括、提炼出最能反映总体目标预期实现程度的关键性指标，并将其确定为相应的绩效指标。

（4）通过收集相关基准数据，确定绩效标准，并结合项目预期进展、预计投入等情况，确定绩效指标的具体数值。

（三）项目绩效目标和指标的选择

项目支出绩效目标分为总体目标和绩效目标，其中，总体目标按照时效性划分为中期目标和年度目标；绩效目标要能清晰反映项目资金的预期产出和效果，并以相应的绩效指标予以细化、量化描述。绩效指标是绩效目标的细化和量化描述，主要包括产出指标、成本指标、效益指标和满意度指标等，根据需要选择相应的指标并设定具体的指标值。

1．总体目标

项目支出总体目标是设定利用该项目全部预算资金在一定期限内预期达到的总体产出和效果，主要分为中期目标和年度目标。

（1）中期目标：概括描述延续项目在一定时期内（一般为三年）预期达到的产出和效果。一次性项目和处于项目期最后一年的项目，不需设定中期目标，只设定年度目标。

（2）年度目标：概括描述项目在本年度内预期达到的产出和效果。

2．绩效目标

项目支出绩效目标按层级分为一级指标、二级指标、三级指标。一级指标一般可选择实施效果指标和过程管理指标，可根据项目需要选取合适的指标并设定指标值。其中，实施效果指标包括产出指标、效益指标、满意度指标等。

（1）产出指标。是对预期产出的描述，包括数量指标、质量指标、时效指标、成本指标等二级指标。

（2）效益指标。是对预期效果的描述，包括经济效益指标、社会效益指标、生态效益指标、可持续影响指标等二级指标。

（3）满意度指标。是反映服务对象或项目受益人的认可程度的指标。

过程管理指标包括计划管理指标、资金管理指标、项目管理指标、监督检查指标等二级指标。

（四）设定项目绩效目标的表现形式

项目支出绩效目标申报表是所设定绩效目标的表现形式，根据项目实际选择相应的绩效指标，按照确定格式和内容填报。项目支出绩效目标申报表如表 14 - 1 所示。

二、实施绩效监控

绩效监控是指在项目预算执行过程中，对绩效目标实现程度和预算执行进度情况开展的监督、控制和管理活动。以绩效目标实现程度为例，绩效监控的内容、方法和程序主要有：

（一）绩效监控的主要内容

（1）绩效目标完成情况。一是预计产出的完成进度及趋势，包括数量、质量、时效、成本等；二是预计效果的实现进度及趋势，包括经济效益、社会效益、生态效益和可持续影响等；三是跟踪服务对象满意度及趋势。

（2）预算资金执行情况。包括预算资金拨付情况、预算执行单位实际支出情况以及预计结转结余情况。

（3）重点政策和重大项目绩效延伸监控。必要时，可对重点政策和重大项目支出具体工作任务开展、发展趋势、实施计划调整等情况进行延伸监控。具体内容包括：政府采购、工程招标、监理和验收、信息公示、资产管理以及有关预算资金和会计核算等。

（4）其他情况。除上述内容外其他需要实施绩效监控的内容。

（二）绩效监控的方法和工作程序

绩效监控采用目标比较法，用定量分析和定性分析相结合的方式，将绩效实现情况与预期绩效目标进行跟踪比较，对目标完成、预算执行、组织实施、资金管理等情况进行分析评判，及时纠正发现的问题，确保绩效目标能够按预期保质保量实现。

绩效监控一般在每年 8 月，对 1—7 月预算执行情况和绩效目标实现程度开展一次绩效监控汇总分析，主要工作程序有：

（1）收集绩效监控信息。对照批复的绩效目标，以绩效目标执行情况为重点收集绩效监控信息。

（2）分析绩效监控信息。在收集上述绩效信息的基础上，对偏离绩效目标的原因进行分析，对全年绩效目标完成情况进行预计，并对预计年底不能完成目标的原因及拟采取的改进措施做出说明。

（3）填报绩效监控情况表。在分析绩效监控信息的基础上填写《项目支出绩效目标执行监控表》（如表 14 - 2 所示），并作为年度预算执行完成后绩效评价的依据。

（4）报送绩效监控报告。在绩效监控工作完成后，及时总结经验、发现问题、提出下一步改进措施，形成项目绩效监控报告，连同《项目支出绩效目标执行监控表》报送上级财务部门。

表 14－1　　　　　　　　项目支出绩效目标申报表

项目名称							
主管部门及代码					实施单位		
项目属性					项目期		
项目资金/万元	中期资金总额				年度资金总额		
	其中：财政拨款				其中：财政拨款		
	其他资金				其他资金		
总体目标	中期目标（20××年—20××＋n年）				年度目标		
	目标1： 目标2： 目标3： ……				目标1： 目标2： 目标3： ……		
绩效指标	一级指标	二级指标	三级指标	指标值	二级指标	三级指标	指标值
	产出指标	数量指标	指标1：		数量指标	指标1：	
			指标2：			指标2：	
			……			……	
		质量指标	指标1：		质量指标	指标1：	
			指标2：			指标2：	
			……			……	
		时效指标	指标1：		时效指标	指标1：	
			指标2：			指标2：	
			……			……	
		成本指标	指标1：		成本指标	指标1：	
			指标2：			指标2：	
			……			……	
		……			……		
	效益指标	经济效益指标	指标1：		经济效益指标	指标1：	
			指标2：			指标2：	
			……			……	
		社会效益指标	指标1：		社会效益指标	指标1：	
			指标2：			指标2：	
			……			……	
		生态效益指标	指标1：		生态效益指标	指标1：	
			指标2：			指标2：	
			……			……	
		可持续影响指标	指标1：		可持续影响指标	指标1：	
			指标2：			指标2：	
			……			……	
		……			……		
	满意度指标	服务对象满意度指标	指标1：		服务对象满意度指标	指标1：	
			指标2：			指标2：	
			……			……	
		……			……		

表 14－2

项目支出绩效目标执行监控表

（××年度）

<table>
<tr><td>项目名称</td><td colspan="6"></td></tr>
<tr><td>主管部门及代码</td><td colspan="2"></td><td>实施单位</td><td colspan="3"></td></tr>
<tr><td rowspan="4">项目资金/万元</td><td></td><td></td><td>年初预算数</td><td>1—7月执行数</td><td>1—7月执行率</td><td>全年预计执行数</td></tr>
<tr><td colspan="2">年度资金总额</td><td></td><td></td><td></td><td></td></tr>
<tr><td colspan="2">其中：本年一般公共预算拨款</td><td></td><td></td><td></td><td></td></tr>
<tr><td colspan="2">其他资金</td><td></td><td></td><td></td><td></td></tr>
<tr><td>年度总体目标</td><td colspan="6"></td></tr>
</table>

<table>
<tr><td rowspan="14">绩效指标</td><td rowspan="2">一级指标</td><td rowspan="2">二级指标</td><td rowspan="2">三级指标</td><td rowspan="2">年度指标值</td><td rowspan="2">1—7月执行情况</td><td rowspan="2">全年预计完成情况</td><td colspan="6">偏差原因分析</td><td colspan="3">完成目标可能性</td><td rowspan="2">备注</td></tr>
<tr><td>经费保障</td><td>制度保障</td><td>人员保障</td><td>硬件条件保障</td><td>其他</td><td>原因说明</td><td>确定能</td><td>有可能</td><td>完全不可能</td></tr>
<tr><td rowspan="5">产出指标</td><td>数量指标</td><td></td><td></td><td></td><td></td><td></td><td></td><td></td><td></td><td></td><td></td><td></td><td></td><td></td><td></td></tr>
<tr><td>质量指标</td><td></td><td></td><td></td><td></td><td></td><td></td><td></td><td></td><td></td><td></td><td></td><td></td><td></td><td></td></tr>
<tr><td>时效指标</td><td></td><td></td><td></td><td></td><td></td><td></td><td></td><td></td><td></td><td></td><td></td><td></td><td></td><td></td></tr>
<tr><td>成本指标</td><td></td><td></td><td></td><td></td><td></td><td></td><td></td><td></td><td></td><td></td><td></td><td></td><td></td><td></td></tr>
<tr><td>……</td><td></td><td></td><td></td><td></td><td></td><td></td><td></td><td></td><td></td><td></td><td></td><td></td><td></td><td></td></tr>
<tr><td rowspan="5">效益指标</td><td>经济效益指标</td><td></td><td></td><td></td><td></td><td></td><td></td><td></td><td></td><td></td><td></td><td></td><td></td><td></td><td></td></tr>
<tr><td>社会效益指标</td><td></td><td></td><td></td><td></td><td></td><td></td><td></td><td></td><td></td><td></td><td></td><td></td><td></td><td></td></tr>
<tr><td>生态效益指标</td><td></td><td></td><td></td><td></td><td></td><td></td><td></td><td></td><td></td><td></td><td></td><td></td><td></td><td></td></tr>
<tr><td>可持续影响指标</td><td></td><td></td><td></td><td></td><td></td><td></td><td></td><td></td><td></td><td></td><td></td><td></td><td></td><td></td></tr>
<tr><td>……</td><td></td><td></td><td></td><td></td><td></td><td></td><td></td><td></td><td></td><td></td><td></td><td></td><td></td><td></td></tr>
<tr><td rowspan="2">满意度指标</td><td>服务对象满意度指标</td><td></td><td></td><td></td><td></td><td></td><td></td><td></td><td></td><td></td><td></td><td></td><td></td><td></td><td></td></tr>
<tr><td>……</td><td></td><td></td><td></td><td></td><td></td><td></td><td></td><td></td><td></td><td></td><td></td><td></td><td></td><td></td></tr>
</table>

注　1. 偏差原因分析：针对与预期目标产生偏差的指标值，分别从经费保障、制度保障、人员保障、硬件条件保障等方面进行判断和分析，并说明原因。
2. 完成目标可能性：对应所设定的实现绩效目标的路径，分确定能、有可能、完全不可能三级综合判断完成的可能性。
3. 备注栏说明预计到年底不能完成目标的原因及拟采取的措施。

三、开展绩效评价

财政部门负责制定项目绩效评价管理办法，对项目绩效评价工作进行指导和监督，选择部分项目开展重点绩效评价，依法公开绩效评价结果。绩效评价结果作为项目财政资金预算安排和资金拨付的重要依据。

项目主管部门会同财政部门按照有关规定，制定本部门或者本行业项目绩效评价具体实施办法，建立具体的绩效评价指标体系，确定项目绩效目标，具体组织实施本部门或者本行业绩效评价工作，并向财政部门报送绩效评价结果。

绩效评价是指在项目决算环节，财政部门、项目主管部门根据设定的项目绩效目标，运用科学合理的评价方法和评价标准，对项目建设全过程中资金筹集、使用及核算的规范性、有效性，以及投入运营效果等进行评价的活动。

项目绩效评价主要分为绩效自评和部门评价。绩效自评是指项目资金使用单位对照批复的项目绩效目标，对绩效完成情况进行自我评价，填写项目支出绩效自评表，形成相应的自评结果。部门评价是指预算部门根据相关要求，运用科学、合理的绩效评价指标、评价标准和方法，对本部门的项目组织开展的绩效评价。

（一）绩效评价的对象

水利基本建设项目绩效评价的对象即该水利基本建设项目支出。自评内容主要包括项目总体绩效目标、各项绩效指标完成情况以及预算执行情况。如未完成绩效目标或偏离绩效目标较大，则要分析并说明原因，研究提出改进措施。

项目绩效评价应当重点对项目建设成本、工程造价、投资控制、达产能力与设计能力差异、偿债能力、持续经营能力等实施绩效评价，根据管理需要和项目特点选用社会效益指标、财务效益指标、工程质量指标、建设工期指标、资金来源指标、资金使用指标、实际投资回收期指标、实际单位生产（营运）能力投资指标等评价指标。

（二）绩效评价的内容和评价指标

1\. 绩效评价的内容

绩效评价的内容如下：

（1）项目建设单位应当重点对项目建设成本、工程造价、投资控制、达产能力与设计能力差异、偿债能力、持续经营能力等实施绩效评价。

（2）资金投入和使用情况。

（3）为实现绩效目标制定的制度、采取的措施等。

（4）绩效目标实现的程度及效果。

（5）绩效评价的其他内容。

2\. 绩效评价指标

项目绩效评价要根据管理需要和项目特点选用评价指标，主要有：

（1）社会效益指标。

（2）财务效益指标。

（3）工程质量指标。

（4）建设工期指标。

（5）资金来源指标。

(6) 资金使用指标。

(7) 实际投资回收期指标。

(8) 实际单位生产(营运)能力投资指标。

(三) 绩效评价的标准和方法

绩效评价标准通常包括计划标准、行业标准、历史标准等，用于对绩效指标完成情况进行比较。我们一般按照计划标准对水利基本建设项目进行绩效评价，即以预先制定的目标、计划、预算、定额等作为评价标准，对照预先设定的指标值进行比较和评价。

评价的方法主要包括成本效益分析法、比较法、因素分析法、最低成本法、公众评判法、标杆管理法等。根据评价对象的具体情况，可采用一种或多种方法。

(1) 成本效益分析法，是指将投入与产出、效益进行关联性分析的方法。

(2) 比较法，是指将实施情况与绩效目标、历史情况、不同部门和地区同类支出情况进行比较的方法。

(3) 因素分析法，是指综合分析影响绩效目标实现、实施效果的内外部因素的方法。

(4) 最低成本法，是指在绩效目标确定的前提下，成本最低者为优的方法。

(5) 公众评判法，是指通过专家评估、公众问卷及抽样调查等方式进行评判的方法。

(6) 标杆管理法，是指以国内外同行业中较高的绩效水平为标杆进行评判的方法。

(7) 其他评价方法。

四、绩效评价结果运用

绩效评价工作和结果应依法自觉接受审计监督。部门和单位应切实加强项目绩效自评结果的整理、分析，将自评结果作为本部门、本单位完善政策和改进管理的重要依据。对预算执行率偏低、自评结果较差的项目，要单独说明原因，提出整改措施。

各部门应按要求将部门评价结果报送本级财政部门，评价结果将作为本部门安排预算、完善政策和改进管理的重要依据。原则上，对评价等级为优、良的，根据情况予以支持；对评价等级为中、差的，要完善政策、改进管理，根据情况核减预算。对不进行整改或整改不到位的，根据情况相应调减预算或整改到位后再予安排。

第三节 案　　例

【案例 14-1】

××水利基本建设项目在编报2020年预算时，应如何设置项目绩效目标，填写申报项目支出绩效目标申报表。

该项目建设单位应根据项目实际，对项目功能、预期达到的目标进行梳理，确定项目总体目标和绩效目标、指标及具体指标值，填写项目支出绩效目标申报表，如表14-3所示。

表 14-3　×××年度投资计划项目绩效目标申报表

项目名称	×××年度投资计划项目			
主管部门及代码	××		实施单位	××
项目属性				
项目资金/万元	年度资金总额：			
	其中：财政拨款			
	其他资金			
总体目标	年度投资计划执行良好，保障建设质量和效益，有效控制投资概算，2022 年完工项目可发挥效益。			
绩效指标	一级指标	二级指标	三级指标	指标值
	实施效果指标	数量指标	支持项目数量（个）	5
			年度工程质量合格率	≥90%
			年度建设任务量完成率	≥90%
			概算控制基本符合要求的项目比例	≥80%
		效益指标	基本实现年度经济效益目标的项目比例	≥80%
			基本实现年度社会效益目标的项目比例	≥80%
			生态环境影响控制及生态效益发挥基本符合要求的项目比例	≥80%
			建设方案和施工质量总体符合工程设计或有关规范标准的项目比例	≥80%
		满意度指标	受益群众基本满意的比例	≥80%
	过程管理指标	计划管理指标	投资计划分解（转发）用时	≤20 个工作日
			“两个责任”按项目落实到位率	100%
		资金管理指标	中央预算内投资支付率	≥70%
			总投资完成率	≥90%
		项目管理指标	项目开工率	100%
			超规模、超标准、超概算项目比例	≤10%
		监督检查指标	审计、督查、巡视等指出问题项目比例	≤1%

【案例 14-2】

××水利基本建设项目，项目资金来源主要为中央财政水利发展资金，项目建设单位如何按要求组织项目绩效评价工作。

项目建设单位应按照《中央财政水利发展资金绩效管理暂行办法》（财农〔2017〕30 号）第九条的规定，省级水利部门组织有关市、县水利部门对照绩效目标开展绩效自评，经同级财政部门复核后，形成绩效自评表和绩效自评报告，编写参考模板如表 14-4 和图 14-1 所示。

表 14－4　　项目支出绩效自评表

（××年度）

<table>
<tr><td colspan="2">项目名称</td><td colspan="7"></td></tr>
<tr><td colspan="2">主管部门</td><td colspan="3"></td><td>实施单位</td><td colspan="3"></td></tr>
<tr><td colspan="2" rowspan="5">项目资金
/万元</td><td></td><td>年初预算数</td><td>全年预算数</td><td>全年执行数</td><td>分值</td><td>执行率</td><td>得分</td></tr>
<tr><td>年度资金总额</td><td></td><td></td><td></td><td>10</td><td></td><td></td></tr>
<tr><td>其中：当年财政拨款</td><td></td><td></td><td></td><td>—</td><td></td><td>—</td></tr>
<tr><td>上年结转资金</td><td></td><td></td><td></td><td>—</td><td></td><td>—</td></tr>
<tr><td>其他资金</td><td></td><td></td><td></td><td>—</td><td></td><td>—</td></tr>
<tr><td rowspan="2">年度
总体
目标</td><td colspan="4">预期目标</td><td colspan="4">实际完成情况</td></tr>
<tr><td colspan="4"></td><td colspan="4"></td></tr>
<tr><td rowspan="28">绩效指标</td><td>一级指标</td><td>二级指标</td><td>三级指标</td><td>年度
指标值</td><td>实际
完成值</td><td>分值</td><td>得分</td><td>偏差原因分析
及改进措施</td></tr>
<tr><td rowspan="12">产出指标</td><td rowspan="3">数量指标</td><td>指标 1：</td><td></td><td></td><td></td><td></td><td></td></tr>
<tr><td>指标 2：</td><td></td><td></td><td></td><td></td><td></td></tr>
<tr><td>……</td><td></td><td></td><td></td><td></td><td></td></tr>
<tr><td rowspan="3">质量指标</td><td>指标 1：</td><td></td><td></td><td></td><td></td><td></td></tr>
<tr><td>指标 2：</td><td></td><td></td><td></td><td></td><td></td></tr>
<tr><td>……</td><td></td><td></td><td></td><td></td><td></td></tr>
<tr><td rowspan="3">时效指标</td><td>指标 1：</td><td></td><td></td><td></td><td></td><td></td></tr>
<tr><td>指标 2：</td><td></td><td></td><td></td><td></td><td></td></tr>
<tr><td>……</td><td></td><td></td><td></td><td></td><td></td></tr>
<tr><td rowspan="3">成本指标</td><td>指标 1：</td><td></td><td></td><td></td><td></td><td></td></tr>
<tr><td>指标 2：</td><td></td><td></td><td></td><td></td><td></td></tr>
<tr><td>……</td><td></td><td></td><td></td><td></td><td></td></tr>
<tr><td rowspan="12">效益指标</td><td rowspan="3">经济效益
指标</td><td>指标 1：</td><td></td><td></td><td></td><td></td><td></td></tr>
<tr><td>指标 2：</td><td></td><td></td><td></td><td></td><td></td></tr>
<tr><td>……</td><td></td><td></td><td></td><td></td><td></td></tr>
<tr><td rowspan="3">社会效益
指标</td><td>指标 1：</td><td></td><td></td><td></td><td></td><td></td></tr>
<tr><td>指标 2：</td><td></td><td></td><td></td><td></td><td></td></tr>
<tr><td>……</td><td></td><td></td><td></td><td></td><td></td></tr>
<tr><td rowspan="3">生态效益
指标</td><td>指标 1：</td><td></td><td></td><td></td><td></td><td></td></tr>
<tr><td>指标 2：</td><td></td><td></td><td></td><td></td><td></td></tr>
<tr><td>……</td><td></td><td></td><td></td><td></td><td></td></tr>
<tr><td rowspan="3">可持续
影响指标</td><td>指标 1：</td><td></td><td></td><td></td><td></td><td></td></tr>
<tr><td>指标 2：</td><td></td><td></td><td></td><td></td><td></td></tr>
<tr><td>……</td><td></td><td></td><td></td><td></td><td></td></tr>
<tr><td rowspan="3">满意度
指标</td><td rowspan="3">服务对象
满意度指标</td><td>指标 1：</td><td></td><td></td><td></td><td></td><td></td></tr>
<tr><td>指标 2：</td><td></td><td></td><td></td><td></td><td></td></tr>
<tr><td>……</td><td></td><td></td><td></td><td></td><td></td></tr>
<tr><td colspan="6">总　　分</td><td>100</td><td></td><td></td></tr>
</table>

项目支出绩效评价报告

（参考提纲）

一、基本情况

（一）项目概况。包括项目背景、主要内容及实施情况、资金投入和使用情况等。

（二）项目绩效目标。包括总体目标和阶段性目标。

二、绩效评价工作开展情况

（一）绩效评价目的、对象和范围。

（二）绩效评价原则、评价指标体系（附表说明）、评价方法、评价标准等。

（三）绩效评价工作过程。

三、综合评价情况及评价结论（附相关评分表）

四、绩效评价指标分析

（一）项目决策情况。

（二）项目过程情况。

（三）项目产出情况。

（四）项目效益情况。

五、主要经验及做法、存在的问题及原因分析

六、有关建议

七、其他需要说明的问题

图 14－1　项目支出绩效评价报告参考提纲

【案例 14－3】

××河道治理工程项目在编报 2020 年预算时，应如何设置项目绩效目标，填写申报项目支出绩效目标申报表。

项目建设单位应根据项目实际，对项目功能、预期达到的目标进行梳理，确定项目的总体目标、年度目标，以及绩效目标各级指标及具体指标值，填写项目支出绩效目标申报表，如表 14－5 所示。

表 14－5　　××河道治理工程项目支出绩效目标申报表

（××年度）

<table>
<tr><td>项目名称</td><td colspan="4">××河道治理工程</td></tr>
<tr><td>主管部门及代码</td><td colspan="2">××</td><td>实施单位</td><td>××</td></tr>
<tr><td rowspan="3">项目资金
/万元</td><td>中期资金总额</td><td>2748</td><td>年度资金总额</td><td>2748</td></tr>
<tr><td>其中：财政拨款</td><td>2748</td><td>其中：财政拨款</td><td>2748</td></tr>
<tr><td>其他资金</td><td>0</td><td>其他资金</td><td>0</td></tr>
<tr><td rowspan="2">总体目标</td><td colspan="2">中期目标（2020—2022 年）</td><td colspan="2">年度目标</td></tr>
<tr><td colspan="2">目标 1：治理河道总长度 7.488km；
目标 2：新建防洪堤，堤线总长 11km；
目标 3：保护治理河段两岸居民人口 7800 人，农田 3200 亩；
目标 4：防洪标准达 5 年一遇</td><td colspan="2">目标 1：治理河道总长度 7.488km；
目标 2：新建防洪堤，堤线总长 11km；
目标 3：保护治理河段两岸居民人口 7800 人，农田 3200 亩；
目标 4：防洪标准达 5 年一遇</td></tr>
</table>

续表

	一级指标	二级指标	三级指标	指标值	二级指标	三级指标	指标值
绩效指标	产出指标	数量指标	治理长度	7.488km	数量指标	治理长度	7.488km
		质量指标	工程验收合格率	100%	质量指标	工程验收合格率	100%
			稽察、督查等发现问题数量	<20 个		稽察、督查等发现问题数量	<10 个
		时效指标	截至 2021 年底投资完成比例	≥90%	时效指标	本年度投资完成比例	≥50%
		成本指标	是否在项目批复概算内	是	成本指标	是否在项目批复概算内	是
	效益指标	社会和生态效益指标	保护耕地数	3200 亩	社会和生态效益指标	保护耕地数	3200 亩
			保护人口数	7800 人		保护人口数	7800 人
		可持续影响指标	工程是否安全运行	是	可持续影响指标	工程是否安全运行	是
	满意度指标	服务对象满意度指标	受益群众满意度	≥90%	服务对象满意度指标	受益群众满意度	≥90%

第四节　常见问题和风险防控

一、常见问题

（一）未按要求组织项目绩效评价工作

××河道治理工程项目 2020 年度开工，申报了 2020 年度项目绩效目标，2021 年 3 月检查发现未对 2020 年度项目绩效完成情况开展绩效自评。

不符合《基本建设财务规则》（财政部令第 81 号，2017 年财政部令第 90 号修改）第十章和《项目支出绩效评价管理办法》（财预〔2020〕10 号）第二十一条的规定。

（二）未达到预期的绩效目标

××水库移民项目 2020 年度水库移民人均收入 26,507 元，较 2019 年人均收入 25,898 元增加 609 元，未达到增加收入 1,050 元的目标值；全市移民人均可支配收入占当地农村居民收入比例较 2019 年降低了 1.53%，未达到增长 1%的目标比例；截至 2021 年 6 月底，年度项目资金完成率 53.53%，未达到 100%的时效目标。部分绩效目标未按期完成。

不符合《项目支出绩效评价管理办法》（财预〔2020〕10 号）第二十一条“部门本级和所属单位按照要求具体负责自评工作，对自评结果的真实性和准确性负责，自评中发现的问题要及时进行整改”的规定。

二、风险防控

（一）绩效管理关键控制点

绩效管理关键控制点包括开展绩效自评工作和组织项目绩效评价工作。

（二）控制措施

1. 按要求开展绩效自评工作

省级水利部门组织有关市、县水利部门对照绩效目标开展绩效自评。经同级财政部门复核后，形成水利建设资金绩效自评报告和绩效自评表。

2. 按要求组织项目绩效评价工作

水利部门负责本地区绩效管理具体工作，设定、分解下达本地区绩效目标，审核汇总本地区绩效目标；开展本地区绩效目标执行监控、绩效自评和绩效评价；提出本地区内绩效评价结果运用建议，及时组织整改绩效评价中发现的问题。

3. 推进水利资金绩效评价

加强水利部门预算支出绩效评价，扩大水利项目支出绩效评价范围，突出抓好对重大水利专项资金的绩效评价。强化评价结果的运用，逐步将评价结果与预算编制、资金安排和改进预算管理相结合，将评价结果作为预算安排的重要依据。对于绩效评价不合格的水利项目，视情况采取扣减或收回项目资金等措施的规定。

第十五章　水利基本建设项目财务监督管理

第一节　财务监督管理概念及要求

一、财务监督管理概念

水利基本建设项目财务监督管理指各级财政和水行政主管部门依据职责对使用水利资金的部门或单位执行国家有关资金管理法律法规、规章制度等行为进行监督检查的活动。通过监督检查督促项目单位规范财务活动，严格财务制度及财经纪律，规范水利基本建设行为，加强国家水利基本建设投资管理，提高建设资金使用效益，确保工程质量，保障水利基本建设项目顺利实施。

二、原则和要求

（一）基本原则

（1）坚持依法监督，强化法治思维。按照全面依法治国要求，健全财经领域法律法规和政策制度，加快补齐法治建设短板，依法依规开展监督，严格执法、严肃问责。

（2）坚持问题导向，分类精准施策。针对重点领域多发、高发、易发问题和突出矛盾，分类别、分阶段精准施策，强化对公权力运行的制约和监督，建立长效机制，提升监督效能。

（3）坚持协同联动，加强贯通协调。按照统筹协同、分级负责、上下联动的要求，健全财会监督体系，构建高效衔接、运转有序的工作机制，与其他各类监督有机贯通、相互协调，形成全方位、多层次、立体化的财会监督工作格局。

（二）要求

（1）专款专用。水利基本建设资金必须用于经批准的水利基本建设项目，水利基本建设资金按规定实行专户存储专款专用，任何单位或个人不得截留、挤占和挪用。

（2）全过程监督控制。各级水行政主管部门对基本建设资金的筹集和使用进行全过程的监督检查，督促项目建设单位建立健全基本建设资金使用的内部控制制度，确保水利基本建设资金的安全、合理和有效使用。

（3）依法实施财务管理、组织会计核算。各级水利主管部门和建设单位必须遵守《中华人民共和国会计法》和相关法律法规的规定，加强财务管理与会计核算工作，严格实施财会监督，及时反馈真实、准确的会计信息。

（4）保证资金使用效益。水利基本建设资金的筹集、调度、使用实行规范化管理，确保厉行节约，防止损失浪费，降低工程成本，提高资金使用效益。

第二节　财务监督管理内容和方法

一、主要内容

水利基本建设项目监督管理主要包括对项目资金筹集与使用、预算编制与执行、建设成本控制、工程价款结算、竣工财务决算编报审核、资产交付等的监督管理。

二、主要程序

（1）听取相关单位对水利基本建设资金管理与使用情况的汇报，向相关人员质询了解情况。

（2）查阅有关设计及批复文件，查阅计划文件及台账、统计报表等资料。

（3）核查有关招投标文件、合同文本、结算票据、财务账簿、财务报表、会计凭证等资料。

（4）实地、实物核对项目资金使用情况。

（5）与相关人员座谈，走访周边群众，核查实施内容。

（6）对发现问题线索组织延伸检查。

三、检查方法

主要分为核查法、分析法、调查访谈法三大类。

四、重点监督管理事项

（一）资金筹集与使用

资金筹集方式和资本金来源是否符合国际规定；资本金制度执行是否到位；计划下达及分解依据的真实性和合法性；地方配套资金是否同比例到位；建设资金是否按规定开户存储。

（二）预算编制与执行

资金来源是否列入投资计划和部门预算，用款计划申请的内容是否合法，依据是否充分，程序是否规范。

（三）招标投标检查

建设项目招标、投标、开标、评标及中标的程序和内容的真实性和合法性；标段划分是否合理，必须招标的项目是否全部招标，是否有规避招标的行为；招标报告是否经主管部门批准，招标结果是否报主管部门备案；自行招标是否经批准同意，代理招标是否具有相应的资质。

（四）合同管理检查

建设项目勘察、设计、施工、监理、采购等合同的订立、履行、变更及转让、终止的真实性和合法性；建设单位是否建立了合同管理制度及其执行情况；合同是否执行了审计签证及备案制度；水利部制定的合同示范文本及通用条款的执行情况。

（五）概算执行情况检查

概算的批准、执行及调整的真实性和合法性；设计变更是否履行报批手续；预备费的使用及批准情况。

（六）工程价款结算检查

工程价款结算是否以合同为依据；是否按规定的程序和手续结算；工程价款的支付是否取得发票，支付方式是否符合规定；备用金的结算是否符合规定；有无故意拖欠工程款的行为。

（七）基本建设支出检查

建设成本的真实性和合法性；成本计算对象是否合理，是否有利于交付使用资产价值的计算；待核销基建支出和转出投资是否符合规定的内容；建设单位管理费的管理使用情况；成本控制制度的制定及其有效性。

（八）债权债务检查

建设项目债权债务发生的真实性和合法性，是否按规定进行了清理。

（九）会计报表检查

会计报表的真实性、完整性和及时性，重大事项是否执行了报告制度。

五、检查整改

主管部门和建设单位对监督检查发现的问题要及时纠正，分清责任，严肃处理。对截留、挤占和挪用水利基本建设资金，擅自变更投资计划和基本建设支出预算、改变建设内容、提高建设标准以及因工作失职造成资金损失浪费的，要追究当事人和有关领导的责任。情节严重的，还要追究其法律责任。

建设单位要做好检查发现问题的整改落实。分析存在问题的原因，制定针对性的整改方案，逐个落实整改责任，明确整改标准和期限，确保整改到位。针对监督检查中发现的突出的共性问题，有关主管部门应完善相关配套制度办法，力求从制度层面予以解决。

各级水行政主管部门应建立健全监督检查的长效机制，把发现问题、整改落实与完善制度、改进工作有机结合起来，促进水利基本建设项目的顺利实施。

第三节　案　　例

一、案例 1

某水利发展资金农业水价综合改革项目分为 14 个村级项目，由各村委分别与施工单位签订施工合同（合同价总计 144.18 万元），××水利建设管理中心负责项目财务核算工作。经查，该中心将管理范围内的所有项目并入一起核算，未按规定对各项目单独建账、单独核算；且将一个建设项目分别在机关基本账户和财政代管账户同时进行核算。

案例解析：《基本建设财务规则》第七条规定：“项目建设单位应当按项目单独核算，按照规定将核算情况纳入单位账簿和财务报表”。该中心将 14 个项目打包一起核算明显不符合“按项目单独核算”的要求。

二、案例 2

××水利枢纽工程项目，概算批复工具车 1 台，实际购买 2 台。

案例解析：该项目资金使用未按照批准预算执行，超概算支出费用 20 万元。不符合《基本建设财务规则》第九条“财政资金管理应当遵循专款专用原则，严格按照批准的项目预算执行，不得挤占挪用”的规定。

三、案例3

××中小河流治理项目××凭证显示现金支付工程差旅费6,720元、误餐补助费12,080元。

案例解析：该项目资金管理过程中，违规提取使用现金，不符合《现金管理暂行条例》现金使用范围中“结算起点”（1,000元）的具体规定。

第四节　常见问题和风险防控

一、常见问题

（一）未履行监督管理职责

某次水利资金监督检查中，抽查××水利枢纽工程2018年1月至2019年9月记账凭证、银行日记账、会计报表等会计资料发现，以上资料均无记账人和复核人签字，主管部门未及时审核检查，未指出会计资料存在的问题，未履行监督管理职责。

（二）检查发现问题整改落实不到位

2020年对××省××治理项目和××维修养护项目检查发现，2018年9月13日××县人民政府《关于加快推进国务院大督查前期自查、实地督查发现问题整改的通知》（以下简称通知）中涉及2018年第二批中央水利发展资金3,206万元项目资金未拨付（××治理项目3,000万元、××维修养护项目100万元、××监测网建设项目74.5万元、××项目25.5万元、项目管理费6万元）的问题。2020年抽查××县××治理工程（总投资额3,000万元），发现该项目已完工，已拨付资金为1,300万元，未拨付资金1,700万元，资金拨付进度仍旧滞后，××县水利局未按照通知要求完成问题整改。

二、风险防控

（一）风险点

（1）各类监督检查重复、扎堆，给基层、被检查单位增加负担。

（2）泄露监督检查有关工作信息。

（3）未如实反映检查情况，隐瞒、夸大或缩小发现的问题，谋取私利。

（4）存在利益相关关系，篡改、隐匿检查发现的问题，或未按规定进行责任追究。

（二）控制措施

（1）建立检查沟通协商机制，对检查计划进行月统筹、周调度，避免重复检查。

（2）加强监督检查人员岗前培训，做好保密教育和管理。

（3）严格执行各项监督检查纪律，每次检查前进行廉洁从业教育。

（4）实行被检查单位意见反馈制度，不定期开展检查情况跟踪督导。